爱阅读课程化丛书/快乐读书吧

爱阅读

二十四节气故事

朱秋成／著

无障碍精读版

课外阅读佳作，爱阅读课程化丛书

分级阅读点拨 · 重点精批详注 · 名师全程助读 · 扫清阅读障碍

陕西新华出版传媒集团
陕西人民出版社

图书在版编目（CIP）数据

二十四节气故事 / 朱秋成著 . -- 西安 : 陕西人民出版社 , 2021.4
ISBN 978-7-224-14052-1

Ⅰ . ①二… Ⅱ . ①朱… Ⅲ . ①二十四节气－青少年读物 Ⅳ . ① S162-49

中国版本图书馆 CIP 数据核字 (2021) 第 052166 号

ERSHISI JIEQI GUSHI

二十四节气故事

朱秋成 著

—— 阅读 · 成长 ——

出品人 宋亚萍

项目监制 王莉莉 田 鹏
项目统筹 田佰根 王 猛 万可彪 赵亚珍
责任编辑 杨金娥
绘 图 王 珊
封面设计 宋双成
排版制作 书香文雅

出版发行 陕西新华出版传媒集团 陕西人民出版社
（西安市北大街 147 号 邮政编码：710003）

印 刷 三河市冠宏印刷装订有限公司
版 次 2021 年 4 月第 1 版
印 次 2021 年 4 月第 1 次印刷
开 本 700mm × 1000mm 1/16
印 张 12 彩插 6
字 数 134 千字
书 号 ISBN 978-7-224-14052-1
定 价 24.80 元

囊萤苦读

嫦娥奔月

霜降吃柿子

祛寒

| 总序 |

高尔基曾说过“书籍是人类进步的阶梯”。随着人类文明的不断发展，古今中外无数的智者都通过书籍对人生做出了精辟的总结，它们是人类智慧的结晶，是思想的火花，是丰富的精神世界。在本丛书中，我们选编的都是世界文学史上一流的作品。选取这些精华，结集成册，献给我们深爱的读者，既是为了帮助家长和老师解决如何让学生树立良好的世界观、人生观和价值观这一重大课题，又是为了让学生在轻松阅读的同时，能够提高阅读水平、扩展知识、丰富精神世界。

就让我们一起来看看本丛书的与众不同之处吧。

一、选材广泛，形式和风格多样，集众家之长

选入本丛书的均为列入“语文课程标准”的作品，它们都是受国内外广泛赞誉的经典文学名著，对人们的精神世界产生过深远的影响。作为青少年的课外读物，它们题材和主题广泛，形式和风格多样，其中既有代表中国传统文化特色的章回体小说《西游记》《水浒传》《三国演义》《红楼梦》，教人笃思明辨的《资治通鉴》和“二十五史”，以及代表古代诗词曲最高成就的《唐诗三百首》《宋词三百首》《元曲三百首》等；又有代表世界文学成就的名著，诸如经典童话《小王子》《希腊神话》《一千零一夜》《安徒生童话》，经典小说《童年》《八十天环游地球》《海底两万里》《汤姆叔叔的小屋》《苦儿流浪记》《少年维特之烦恼》《老人与海》等，还有代表中国现当代文学成就的名家名作，诸如《边城》《子夜》《骆驼祥子》《阿Q正传》《茶馆》《女神》，以及《宝葫芦的秘密》《稻草人》《野葡萄》等，让读者在不同的精神领域中获得不同的心灵享受。

二、没有严肃的说教，还原经典的本来面目

拒绝说教是我们选材的首要目标。这不是枯燥的几何题，为什么要说教？这不是语文课文要总结中心思想，为什么要加上枯燥无趣的讲解？经典之所以成为经典是因为它写出了人性最真实的诉求，给人生动而鲜活的印象。比如，小说作品有的是丰满的人物形象、引人入胜的故事情节以及充满想象力和幻想的文学世界，古诗词有的是充满诗情画意的画面和文采斐然的句子，而童话作品则贯穿着真善美的大爱主题，塑造了一个个终生难忘的童话形象。它们可以让读者在轻松的阅读中扩展知识面，感受生活之美，思考人生的价值，领会文学的无穷魅力。

三、版式新颖，边读边想，精彩互动

本丛书具有自己的特色，除选取权威的版本之外，我们加入了诸多有助于读者阅读理解的栏目。如在进入正文阅读之前，设置了“阅读准备”的板块，提供了包括“作家生平”“创作背景”“作品速览”“文学特色”四个方面的内容，使读者在阅读原文之前就对文章的整体创作大环境和作者的相关情况有一个初步的了解。

随即便进入文章阅读环节。为了方便读者理解，在每篇文章开篇我们设置了“名师导读”的环节，读者可以迅速掌握本篇文章的宗旨和重点；在阅读正文过程中，读者可以看看正文旁边的“点评”栏目，这里有关于文章写作手法、修辞特点、遣词用句的点评，对于那些值得称道的画龙点睛之笔，读者可略加留意，多品味一下，对自己的写作能力会有很大的帮助；如果遇到精彩之处，自己想加以点评的话，侧边栏也留出了“读书笔记”的位置，读者可以将自己的心得体会写进去，这样的精读方式对理解文章更有好处；在每篇文章的结尾处，根据需要酌情设计了“精华赏析”“延伸思考”“相关评价”（或“相关链接”）等板块，让读者在意犹未尽之际，进一步理解文章中的微言大义，在潜移默化中拓展视野，开阔眼界。

在书的结尾处，有的还设置了“阅读总结”“阅读训练”板块，集合了“名家心得”“读者感悟”“阅读拓展”“真题演练”等栏目，这些内容是对整本书内容的回溯，读者也可以检验自己的阅读效果。

一本好书，可以滋养人的一生。希望这套书能帮助读者在提高阅读欣赏水平、提高运用语言和写作能力的同时，从阅读中得到乐趣，拥有丰富的心灵、积极的人生态度，形成主动思考的习惯，进而对人生的意义有更深层次的思考和理解。

立人
写于北京

· 作品速览 ·

二十四节气是中国农历的特定节令，浓缩了数千年的农耕文明的精华，凝结了一代又一代中国人的情感与智慧，以及对天、地、人的感悟。二十四节气是我们民族对天地万物共生共荣的细微体认，也是共同文化身份的维系。它们以一种无形的力量塑造着我们的记忆，影响着我们的生活方式。

本书主要从天气、饮食以及经典案例入手，浅显易懂地向读者解释了二十四节气的特点。

在国际气象界，二十四节气被誉为“中国的第五大发明”。2016年11月30日，二十四节气被正式列入联合国教科文组织《人类非物质文化遗产代表作名录》。

阅读本书，我们可以了解到，在漫长的农耕社会中，二十四节气为指导农事活动发挥的重要作用，其拥有的丰富的文化内涵，还有诸如立春、冬至、清明等一些重要节气和“咬春”“踏青”等趣味盎然的民俗。

· 文学特色 ·

《二十四节气故事》是一部浅显易懂的作品。作者在书中表达了对天时运行的敬畏、对人伦亲情的感念、对农耕情境的凝视、对民俗风物的关怀。本书最大的特点就是通过时节的变化来体现中国餐桌饮食上的变化，堪称是文字版的“舌尖上的中国”。让读者在阅读的同时似乎闻到了美食的香味，感受到了中国饮食的魅力。

1

爱阅读
AI YUEDU

本书的语言并不华丽，也不复杂，就是用简单的叙述和白描，让一个个简单的时令变得有意思、有人情味。在阅读本书的同时，我们可以感受到古代人民智慧的结晶，感受到他们是走在时代前沿的一群人。

阅读本书，让我们一起走进中国优秀传统文化。

2

阅读准备

“作家生平”，走近作家，一睹作家风采；“文学特色”，发掘作品深刻的文学价值，以增进理解，提高阅读效率。

名家心得

1. 其实，二十四节气作为中国传统文化的一个组成部分，何尝不是当代中国人潜藏心底的一种文化乡愁！走入二十四节气，重温美丽的古典诗词，唤起文化的乡愁，也许正是我们这次雅集的初衷之一吧。

——中南大学教授　杨　雨

2. 这是一部关于中华农耕文明特有的二十四节气的文化专著，行文笔触优美，情感真挚，是详尽介绍热烈歌赞我们有关传统文化的精彩作品。

——著名作家　铁宇大

读者感悟

假期在家无事便阅读了《二十四节气故事》这本书，这是一本老祖宗流传下来的非物质文化遗产，是中华儿女千百年来与自然相处、斗争中总结出来的宝贵经验，书中不仅介绍了二十四节气，更包含了许多对风俗和自然现象的解释。

本书作者主要将二十四节气与中国人的饮食习惯相结合，每一个节气都会进行不同形式的庆祝，餐桌上的美味也都会有相应的变化，语言细腻，感情丰富，仿佛人就坐在餐桌边，看着景色流转，食物更换似的。

在没有阅读这本书之前以为二十四节气只为了应农时，即为农民掌握春种秋收的时间服务。可是当阅读完这本书之后发现，这是劳动人民的智慧结晶，充满了知识，同时也展现了中国传统文化无穷的科学魅

173

爱阅读
AI YUEDU

力，阅读后让人受益匪浅。

我跟着作者的步伐走過一个又一个节气，感受温度的变化，植物的变化，餐桌上食物的变化。我们的人生不就是如此吗？我们的一生也要走过自己的二十四个节气，春生夏长，秋收冬藏。每一个季节里我们都会有不同的收获，让我们一起来享受生命这个美丽的过程吧！

阅读拓展

传统文化里有智慧，通过阅读《二十四节气故事》使我知道它是一部包罗万象的科学宝典。《二十四节气故事》涉及天文学、地理学、气候学、营养学、生物学等方面的知识。

许多作家都在自己的书中或多或少地描写过与二十四节气有关的故事。

在古典名著《红楼梦》中，曹雪芹就多次细腻而生动地描绘不同节气中大观园里的种种活动，例如仲夏日的芒种节气，《红楼梦》第二十七回就有特别生动的描写：“至次日乃是四月二十六日，原来这日未时交芒种节。尚古风俗：凡交芒种节的这日，都要设摆各色礼物，祭饯花神，言芒种一过，便是夏日了，众花皆卸，花神退位，须要饯行”。

真题演练

一、填空题

1. 人们在二十四候每一候内开花的植物中，挑选一种花期最准确的植物为代表，叫作这一候中的花信风。____花期是在惊蛰。

2. 立冬是农历二十四节气中的第____个，其确定的依据是以太阳到达黄经225°为准。

3. 在我国沿海一带，____这一天有“斗蛋”的民俗。

4.《月令七十二候集解》关于霜降说：九月中，气肃而凝，露结为霜矣。“霜降”表示天气逐渐变冷，露水凝结成霜。我国古代将霜降分

174

阅读总结

“名家心得”，听听名家怎么说；“读者感悟”，看看别人怎么想；“阅读拓展”，帮你丰富文学知识，增强艺术感受力；“真题演练”，考查阅读本书后的效果，是对阅读成果的巩固和总结。习题具有一定的延伸性和扩展性，对于没有回答上来的问题，读者可以借此发现阅读上的不足，心中带着疑问，为下一次的精读做好准备。

接受文学名著的滋养，读写贯通，读为写用，读写双升

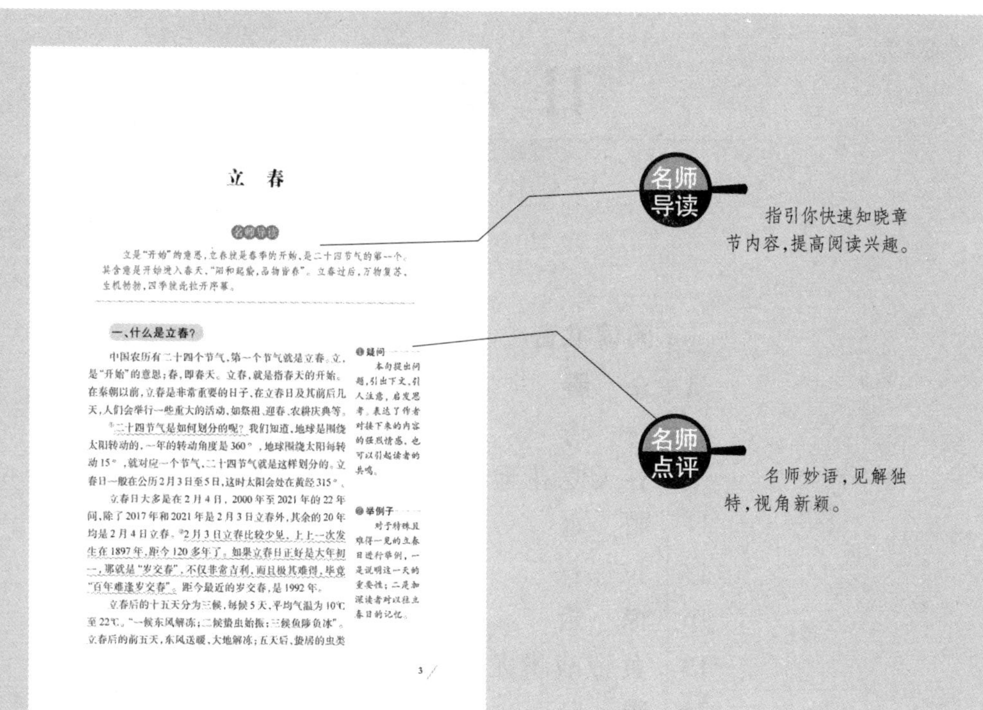

立　春

名师导读

立是"开始"的意思，立春就是春季的开始，是二十四节气的第一个。其含意是开始进入春天，"阳和起蛰，品物皆春"。立春过后，万物复苏，生机勃勃，四季就此拉开序幕。

一、什么是立春？

中国农历有二十四个节气，第一个节气就是立春。立，是"开始"的意思；春，即春天。立春，就是指春天的开始。在秦朝以前，立春是非常重要的日子，在立春日及其前后几天，人们会举行一些重大的活动，如祭祖、迎春、农耕庆典等。

①二十四节气是如何划分的呢？我们知道，地球是围绕太阳转动的，一年的转动角度是360°，地球围绕太阳每转动15°，就对应一个节气，二十四节气就是这样划分的。立春日一般在公历2月3日至5日，这时太阳会处在黄经315°。

立春日大多是在2月4日，2000年至2021年的22年间，除了2017年和2021年是2月3日立春外，其余的20年均是2月4日立春。②2月3日立春比较少见，上上一次发生在1897年，距今120多年了。如果立春日正好是大年初一，那就是"岁交春"，不仅非常吉利，而且极其难得，毕竟"百年难逢岁交春"。距今最近的岁交春，是1992年。

立春后的十五天分为三候，每候5天，平均气温为10℃至22℃。"一候东风解冻；二候蛰虫始振；三候鱼陟负冰"。立春后的前五天，东风送暖，大地解冻；五天后，蛰居的虫类

①疑问

本句提出问题，引出下文，引人注意，启发思考。表达了作者对接下来的内容的强烈情感，也可以引起读者的共鸣。

②举例子

对于特殊且难得一见的立春日进行举例，一是说明这一天的重要性；二是加深读者对以往立春日的记忆。

3

名师
导读
指引你快速知晓章节内容，提高阅读兴趣。
名师
点评
名师妙语，见解独特，视角新颖。

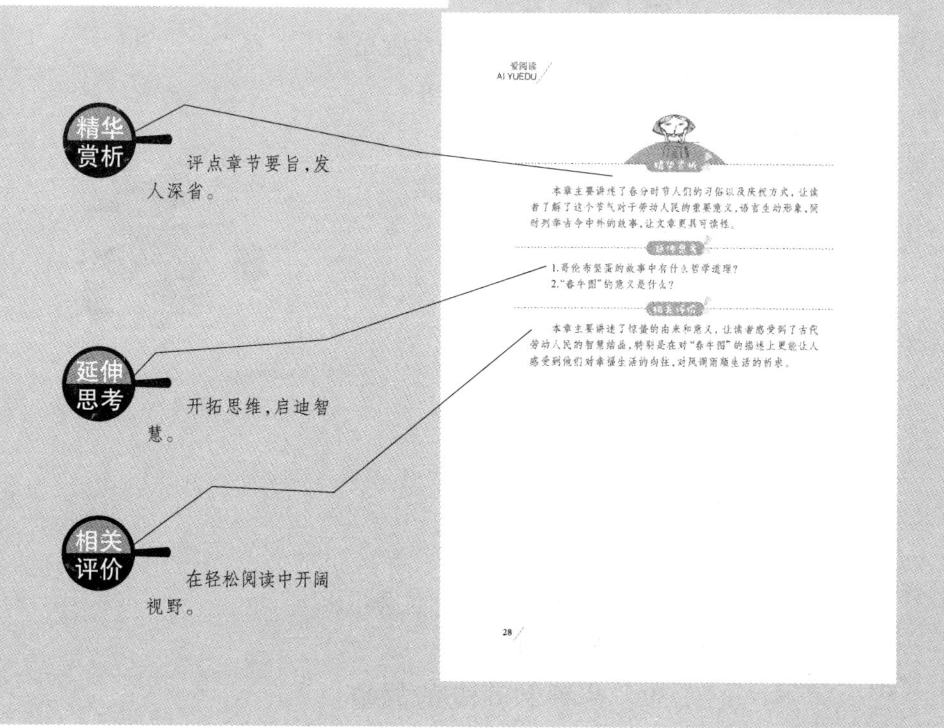

爱阅读
AI YUEDU

精华赏析

本章主要讲述了春分时节人们的习俗以及庆祝方式，让读者了解了这个节气对于劳动人民的重要意义，语言生动形象，同时列举古今中外的故事，让文章更具可读性。

延伸思考

1.哥伦布竖蛋的故事中有什么哲学道理？
2."春牛图"的意义是什么？

相关评价

本章主要讲述了惊蛰的由来和意义，让读者感受到了古代劳动人民的智慧结晶，特别是在对"春牛图"的描述上更能让人感受到他们对幸福生活的向往，对风调雨顺生活的祈求。

28

精华
赏析
评点章节要旨，发人深省。
延伸
思考
开拓思维，启迪智慧。
相关
评价
在轻松阅读中开阔视野。

Contents

目　录

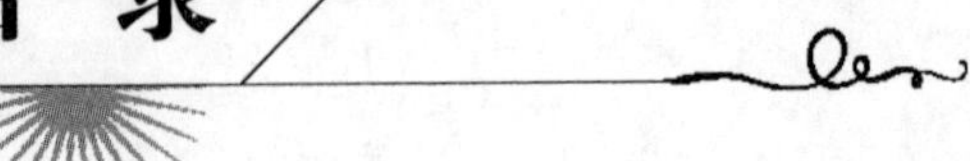

·作品速览·

二十四节气是中国农历的特定节令，浓缩了数千年的农耕文明的精华，凝结了一代又一代中国人的情感与智慧，以及对天、地、人的感悟。二十四节气是我们民族对天地万物共生共荣的细微体认，也是共同文化身份的维系。它们以一种无形的力量塑造着我们的记忆，影响着我们的生活方式。

本书主要从天气、饮食以及经典案例入手，浅显易懂地向读者解释了二十四节气的特点。

在国际气象界，二十四节气被誉为“中国的第五大发明”。2016 年 11 月 30 日，二十四节气被联合国教科文组织正式列入“人类非物质文化遗产代表作名录”。

阅读本书，我们可以了解到，在漫长的农耕社会中，二十四节气为指导农事活动发挥的重要作用，其拥有的丰富的文化内涵，还有诸如立春、冬至、清明等一些重要节气和“咬春”“踏青”等趣味盎然的民俗。

·文学特色·

《二十四节气故事》是一部浅显易懂的作品。作者在书中表达了对天时运行的敬畏、对人伦亲情的感念、对农耕情境的凝视、对民俗风物的关怀。本书最大的特点，就是通过时节的变化，来体现中国餐桌饮食上的变化，堪称是文字版的“舌尖上的中国”。让读者在阅读的同时似乎闻到了美食的香味，感受到了中国饮食的魅力。

本书的语言并不华丽，也不复杂，就是用简单的叙述和白描，让一个个简单的节令变得有意思，有人情味。在阅读本书的同时，我们可以感受到古代人民智慧的结晶，感受到他们是走在时代前沿的一群人。

阅读本书，让我们一起走进中国优秀传统文化。

立　春

名师导读

立是“开始”的意思，立春就是春季的开始，是二十四节气的第一个。其含意是开始进入春天，“阳和起蛰，品物皆春”。立春过后，万物复苏，生机勃勃，四季就此拉开序幕。

一、什么是立春？

中国农历有二十四个节气，第一个节气就是立春。立，是“开始”的意思；春，即春天。立春，就是指春天的开始。在秦朝以前，立春是非常重要的日子，在立春日及其前后几天，人们会举行一些重大的活动，如祭祖、迎春、农耕庆典等。

①二十四节气是如何划分的呢？我们知道，地球是围绕太阳转动的，一年的转动角度是360°，地球围绕太阳每转动15°，就对应一个节气，二十四节气就是这样划分的。立春日一般在公历2月3日至5日，这时太阳会处在黄经315°。

立春日大多是在2月4日，2000年至2021年的22年间，除了2017年和2021年是2月3日立春外，其余的20年均是2月4日立春。②2月3日立春比较少见，上上一次发生在1897年，距今120多年了。如果立春日正好是大年初一，那就是“岁交春”，不仅非常吉利，而且极其难得，毕竟“百年难逢岁交春”。距今最近的岁交春，是1992年。

立春后的十五天分为三候，每候5天，平均气温为10℃至22℃。“一候东风解冻；二候蛰虫始振；三候鱼陟负冰”。立春后的前五天，东风送暖，大地解冻；五天后，蛰居的虫类

①疑问

本句提出问题，引出下文，引人注意，启发思考。表达了作者对接下来的内容的强烈情感，也可以引起读者的共鸣。

②举例子

对于特殊且难得一见的立春日进行举例，一是说明这一天的重要性；二是加深读者对以往立春日的记忆。

开始苏醒；再过五天，河里冰块融化，鱼儿在水面游动。这时的气候会比较温暖，白昼时间变长，降雨也会增多。

❶叙述说明

对于我国的立春情况进行简述。虽然立春是基本固定的形态和时间，但是在幅员辽阔的中国，各地的情况是不一样的。

[1]由于我国幅员辽阔，地理跨度较大，同一时间段各个地区的气候相差也很悬殊，立春的具体气候意义，并非全国各地都适用。立春时节，广西桂林到江西赣州一线以南的地区已能感受到春的气息，而北方却依然是天寒地冻，丝毫看不到春天的影子。所以，对很多地区来说，二十四节气所代表的具体气候意义只能作为一种参考。

二、立春的习俗

❷解释说明

对立春的习俗进行简单说明。由此可知，立春的习俗是从古流传至今的，人们对其也是非常重视的。

[2]很早以前，人们对立春是非常重视的。不少文献都有帝王率大臣祭祀迎春的记载。秦代以来，老百姓就以立春作为春季的开端。作为有着深厚的农事基础和民族性格的典型的农业国家，人们对春季更具有深切的感情，并将其视作一年之中最重要的日子。立春时节也有不少习俗，下面为大家介绍一下。

1.糊春牛

立春前开始糊春牛。传统的做法是由官府聘请扎纸的巧手能匠，在立春前聚集到县城里，精心扎制和真牛一般大小的纸牛。即用竹篾做成牛的骨架，用木头做腿，染好颜色，再糊上纸，涂上颜料，画好口鼻，这样一头牛的形象就制作成功了。春牛糊好后，举行开光点睛仪式，即设立香案，顶礼朝拜。

2.迎春

迎春，顾名思义就是迎接春天。因为要迎春，所以要在郊区选一处风水俱佳的地方，搭建“春棚”。春棚一般搭在交通要道，便于集中人群的地方。四周插上彩旗。

❸叙述说明

对迎春活动的时间进行叙述，可以看出人们不怕辛劳，对于这一活动非常重视。

[3]迎春活动在立春当天举行，时间以历书表为准，有时在当日辰时，有时在半夜子时。迎春活动要抬上春官游行显威，浩浩荡荡的仪仗队伍，很是威风。而且还要有身穿长袍

马褂或者各式各样奇异服装的报子、马弁等，他们坐在由两人抬着的单木杠子上，扮鬼脸，做各种怪模样来逗大家发笑。

3.贴宜春字画

据记载，立春日，唐代长安人常在门上张贴迎春祝吉的字画，字称"宜春字"，画称"宜春画"。[1]所以春天里，往门壁上贴宜春字画，就是从唐代流传下来的。字有"迎春""春色宜人""春光明媚""春暖花开"等内容。还有的贴上一段祝愿之词，表达迎春的意愿。如果有会绘画的人，也会在门楣上画一幅《蜡梅图》。

❶解释说明

解释了在门上贴宜春字画的原因，由此更能突出立春的重要性和历史性。

4.戴春鸡

陕西铜川一带民间流行戴春鸡的古老风俗。在立春日，母亲在小孩帽子的顶端，用布缝制一个大约三厘米长的公鸡，表达"春吉(鸡)"的美好愿望。

三、相关故事

啃　春

❷叙述说明

对啃春的相关背景进行介绍，让读者对其有一个更为清晰的了解，也使得文章结构更加完整。

[2]很久很久以前，人们只能用简单的石器、木器打猎。后来人们发现一些粮食作物可以种植，于是逐渐有了农业，而且农业越来越受到重视，被列为一切行业之首，人们更是认为家家种粮是天经地义的事情。因此，上至帝王将相，下至贩夫走卒，对每年排在第一季节的春季，是从心里就万分看重的。于是，每当立春这天，大家都拿出早就准备好了的丰盛美食，穿上崭新的衣服，通过各种各样的仪式，开开心心、快快乐乐地迎接春天的到来。

❸设置悬念

为什么会有瘟疫蔓延呢？人们究竟是怎么解决的呢？这又和啃春有什么关系呢？设置悬念，引出下文。

[3]然而有一年，当人们收拾利落田地场院，缝制好过节的新衣服，准备热热闹闹迎接春天的到来时，一种古怪的瘟疫铺天盖地席卷而来，在人群中快速地蔓延。老人、孩子甚至青壮年只要被传染上，就会出现心虚气短、失神落魄、没

有一丁点儿精神，就像喝醉了酒一样昏昏沉沉、神情萎靡的症状，到了最后连站立、抬手的力气都没有了，只能躺在床上艰难度日。

[1]就这样，到了就要迎接春天的前一天，有个道士打扮的人来到了一个村庄。往日的村庄，应该鸡犬相闻、人声鼎沸，间或有孩童奔跑嬉闹着。可现在，整个村子里非常地安静，不见一个人，也听不到鸡鸣狗叫声，明明已经到了该吃饭的时间，却不见一丝炊烟升起。眼前的村庄没有一点儿烟火气，是那么的寂静、萧条。道士非常奇怪，他来到了村边的一户人家，敲敲门，没人应声。用手一推，门是虚掩着的。他寻思了一下，便高声喊道："屋里有人吗？"依然没有回应。[2]于是他便推门进了屋，屋里光线昏暗，一股令人作呕的味道一下子扑了过来。道士连忙扬起袖子扇了扇，那股冲来的味道减轻了一点儿。他站了一会儿，稍稍适应了一下环境，才看到屋里的炕上躺着五个人，个个脸色焦黄，昏沉沉地像睡着一样，屋里到处都积着一层厚厚的尘土，看样子已有很多日子没人打扫了。

道士连忙走到炕旁呼唤了几声，但是躺着的那几个人仍然闭着眼睛一动不动。正当他不知该怎么办时，突然一句微弱的声音传了过来："道长，在这里。"道士抬眼望去，在土炕的另一头躺着一位中年人，声音就是他发出来的。道士赶紧走到中年人跟前，连声问道："这究竟是怎么回事？你快给我说一说。"中年人抬了一下眼皮后又闭上了眼睛，等了一会儿用微弱的声音，断断续续地说道：[3]"现在……全村人都染上了……像我这样的病。"说完，仿佛已用尽了全身的气力，头一歪便昏睡了过去。道士又连走了几家，看到的情形都是一样的。正当他暗自吃惊的时候，遇到了一位老妇人，那个老妇人脸色焦黄、神情恍惚，慢慢地走着。道

❶设置悬念

这句话起到了设置悬念的作用，这位道士打扮的人究竟是做什么的呢？他能否解决村里的瘟疫呢？引起读者的好奇心。

❷环境描写

对屋子里的环境进行刻画，寥寥几笔便将屋内毫无生机的模样呈现在读者眼前，更加突出了这场瘟疫的严重性。

❸语言、动作描写

从中年人的话语和动作中可以看出，他已经病入膏肓，但是却没有任何的解决办法。

注释

人声鼎沸：指人群的声音吵吵嚷嚷，就像炸开了锅。

士连忙迎上去，向老妇人打听究竟是怎么回事。那老妇人有气无力地说道："我也不知道是怎么回事，只知道这是一种传播很快的瘟疫，现在不只我们村子，周边的村子也都被传染了。"

[①]这么古怪厉害的瘟疫，道士也是生平第一次见。于是，他来到村东头的一棵有着几百年树龄的古树下，面朝南方盘腿坐了下来。他两眼微闭，口中一边念念有词，一边用手掐算起来。原来，道士已经有很高的修行了，现在他正向神灵祈求医治瘟疫的方法。

约莫过了三个时辰，道士猛然睁开眼，长长地舒了一口气后站了起来，稍稍整理了一下衣服，快步向道观赶去。到了道观后，他不顾劳累，毫不犹豫地来到观中贮存食物的地窖抡镐便刨，很快便刨出了一袋贮藏的萝卜。道士背起那袋萝卜没做任何停留，又飞快地跑回了村庄。

[②]这时，远处天边已露出了鱼肚白，渐渐地天色越来越亮。道士从村中一户人家找到一只芦花大公鸡，从它身上拔下了几根鸡毛，扎在了地上。然后道士在一旁闭目祷告着，脑海中又出现了静坐时与神灵对话的场面：神灵告诉他，等到天亮，地气通时，就让村里的百姓每人啃食几口萝卜，瘟疫便可自动解开。

就这样等了一刻钟左右，道士睁开了眼睛，扎在地上的鸡毛突然动了一下，然后摆动的幅度越来越大。道士惊喜万分，不由得兴奋地大喊道："这下通了，终于通了！"说完便拿起萝卜，向各家各户奔去。每到一家，他便拿出萝卜分给人们吃。结果，还真灵验，人们吃了萝卜之后，转眼间气色转好，浑身也有了力气，很快就什么病痛都没有了！

人们纷纷给道士跪下，感谢他的救命之恩。道士赶紧说：[③]"大家请起，别谢我，应该感谢神灵，若没有神灵的指点，我无论如何也不知道该怎么救你们。不过，大家现在应该快到别的村子里救人。我的观院里还有许多萝卜，大家

① 承上启下

本句在文中起着承上启下的作用。道士没有见过如此厉害的瘟疫，他打算帮助这个村子里的人。

② 环境描写

对此时的环境进行简单刻画，说明道士非常辛苦，也从侧面反映了这场瘟疫并不好解决。

③ 语言描写

从道士的话语中可以知道，是萝卜救了大家的命，可是这和啃春又有什么关系呢？

带着快去吧!"村里人听后,都跟着道士回到观中,纷纷拿着萝卜奔向了周边十里八村。

瘟疫彻底被消灭了,人们又过上了平静安乐的生活。但是大家不会忘记那位道士,更不会忘记让他们从苦难中解脱出来的萝卜。[①]从此,每到立春时节,人们都会吃几片萝卜,以求健康平安。久而久之,啃春的习俗也就形成了。

①照应

本句在文中起着照应前文的作用,再次说明啃春的由来,更加深了人们对立春习俗的了解。

春天吃花趣事

曾经听说过在百花盛开的春天,女皇武则天命令宫女们采集来各色各样的花朵,然后和糯米一起捣碎,并将其一同蒸熟做成一种糕点,名叫"百年糕"。她还非常喜欢吃一种用松花粉制成的"小精糕",因为松花粉有延年益寿的保健作用。

[②]其实不仅女人爱吃花,男人爱吃花者也大有人在。战国时期楚国诗人、政治家屈原就写了"朝饮木兰之坠露兮,夕餐秋菊之落英"的佳句。清代进士袁枚更是痴迷吃花,一年四季,他春天吃玉兰,夏天吃荷花,秋天吃菊花,冬天吃蜡梅。

②引用

本句引用屈原的诗句来说明男人也爱吃花,由此也可以看出当时的文人十分有雅兴。

在《景龙文馆记》里就记载道:春天帝王在开满桃花的园中举办赏花品花宴会,大臣们都积极参加,以大学士李峤为首,大家纷纷作诗赞美桃花,帝王很是开心,命令将那些优秀的诗作,配上乐曲让宫中的乐师演唱。

办赏花宴席一直以来被认为是一件非常优雅的事。当年,范蜀公在许昌居住时,建造了一所非常大的院落,并取名叫"长啸"。他让人在院落里搭起了一座由鲜花组成的棚子,那棚子建好后可容纳十几位客人。每年在春天百花开放的时候,范蜀公就在那棚子下招待客人。并且规定,来赴宴的人面前的酒杯中,若是有花瓣落入便自罚一杯。前来参加宴会的客人在此花棚下,闻着阵阵花香,享受着温暖的

读书笔记

阳光，自然心情愉悦。[1]而此时一阵微风吹过，花瓣纷飞，棚下每人的杯中便都落进了花瓣。于是大家便端起酒杯，将杯中酒与花瓣一同饮下。后来，人们将如此文雅浪漫的宴会称为“飞英会”。

赏花、咏花、食花……这一系列与花有关的庆祝活动，[2]在唐朝时期是非常时兴的。唐朝时期庆祝赏花宴是由官方出面举办的。那些在科考中，中了进士以上的举子们都要参加花宴。比较著名的有樱桃宴与曲江游宴。很多有名的文人雅士、登弟才子们在参加花宴中写下了流芳千古的著名诗篇。比如诗人孟郊在其作的名诗《登科后》中写道：“昔日龌龊不足夸，今朝放荡思无涯。春风得意马蹄疾，一日看尽长安花。”刘沧在《及第后宴曲江》中写道：“归时不省花间醉，绮陌香车似不流。”而“洪崖差遣探花来，检点芳丛饮数杯。深紫浓香三百朵，明朝为我一时开。”则是翁承赞在《擢探花使三首》中所描写的。

[3]洛阳的牡丹是天下闻名的，在花开的时候，洛阳太守便以官方名义举办花宴，起名叫作“万花会”。办宴会的地方，全部用花做成屏风，亭子的柱子及房梁上都缠满鲜花，在竹筒里灌满水插上鲜花，或钉或挂……放眼望去，到处都是美丽的鲜花，不时传来阵阵花香。如此盛景真是引人遐想无限。

❶细节描写

这一处对花瓣散落在杯子里的景象进行简单刻画，寥寥几笔便将一幅美轮美奂的景色呈现在读者眼前。

❷解释说明

对赏花宴的历史背景进行简单说明，可以看出这一习俗早在唐朝就非常流行，并且是官方十分重视的事情。

❸叙述说明

洛阳的牡丹花会不仅在现在十分有名，在古时也是闻名于天下的。

精华赏析

本章主要讲述了二十四节气排名第一的立春，对其时间、历史背景、风俗、习俗进行了简单的介绍，情景交融、结构完整，让读者在了解历史背景的同时感受到文字背后的美感。

延伸思考

1.全国各地立春都是统一的时间吗？
2.哪个皇帝非常喜欢吃花？

相关评价

本章，作者用简单但寓意深刻的语句为读者讲述了立春的背景和习俗，让读者明白简单的节气背后象征的意义和缘由。其中“啃春”这个故事通过典型的例子让读者对这些习俗有了更深刻的了解，提高读者的文化修养。

雨　水

名师导读

雨水节气标示着降雨开始。俗话说“春雨贵如油”，适宜的降水对农作物的生长很重要。

一、什么是雨水？

[①]中国农历二十四节气中的第二个节气是雨水。在每年的公历2月18日至20日，太阳黄经达330°时是雨水节气。雨水节气时段是从公历2月18日至20日开始，到3月4日或5日结束。和谷雨、小满、小雪、大雪一样，它们都是反映降水现象的节气。雨水节气后，降雨慢慢地增多，但多以小雨或毛毛细雨为主。这是因为来自海洋的暖湿空气开始活跃，并渐渐向北挺进，再加上太阳的直射点由南半球逐渐向赤道靠近，这时的北半球，日照时数和强度都在增加，气温回升非常快，所以雨量增多。[②]恰当的降水正是农作物生长所需要的，这样就有了“春雨贵如油”这一说法。

❶ 解释说明

对雨水节气的时间进行简单介绍。

❷ 引用

本句运用了引用的修辞手法，通过“春雨贵如油”这句俗语来展现雨水这个节气的重要性。

由于雨水节气的到来，我国北方一些地区的平均气温都已经升到0℃以上，冰雪开始渐渐地融化。而在西南、江南的大多数地方早就是一副青山如笑、草色青青的早春景象了。但是，尽管白天阳光温暖，到了夜晚还是有些湿寒。到了华南地区则是铺青叠翠，繁花似锦。尤其是在云南南部地区，早已是春色满园，鸟语花香。在气候学上，我国经常以每五天平均的气温稳定在10℃以上的日期划分为春季的开始。可是我国北方大部分地区尽管进入春季的雨水节气，但是气温仍是比较低，感觉还是没有走出冬天的范畴。

农谚“雨水有雨庄稼好，大春小春一片宝。”“立春天渐暖，雨水送肥忙。”说的是越冬作物的生长受雨水节气的天气影响很大，[1]因此在广大农村要根据雨水节气时的天气特点，对三麦等中耕除草、施肥，清理沟渠，耕地开垄，做好排水、防渍的准备。

❶叙述说明

凡事都有两面性，恰当的雨水可以为农作物带来养分，但同时也要注意防范过多的雨水对其造成伤害。

随着雨水节气的到来，主导了整个严冬的冷空气逐步退场，春姑娘终于款款而来。《月令七十二候集解》记载：[2]“正月中。天一生水，春始属木，然生木者必水也，故立春后继之雨水。且东风既解冻，则散而为雨矣。”说的是雨水节气前后，万物开始萌动，田野青青，百花绽放，人们明显感觉到春的气息开始萦绕在身边了。

❷引用

引用典籍来解释雨水的重要性，说明雨水节气过后天气逐渐回暖。

二、雨水的习俗

雨水时节里，开始捕到鱼的水獭并不急着食用，而先将鱼摆在岸边，好像祭祀一般，然后才将其吃掉；五天过后，大雁开始了从南方飞回北方的行程；再过五天，春雨蒙蒙地下起来了，夹着丝丝缕缕的春风，一派欣欣向荣的景象，犹如一幅画在大地上渐渐铺展开来。雨水时节也有不少习俗，下面为大家介绍一下。

1.拉保保

“保保”是四川方言，即为干爹，也叫保爷、保爹。所以，拉保保又被称为“拉保爷”“拜干爹”“闯拜”“寄拜”等，[3]实际上就是父母为幼小的孩子认干爹的意思。在川西民间，拉保保这一传统民俗已经延续了三百多年，它寄托了劳动人民祛邪、避灾、祈福的美好愿望。

❸叙述说明

对雨水习俗“拉保保”进行简单介绍，可以看出劳动人民对美好生活的向往。

2.回娘家

“雨水节，回娘家”是流行于川西一带的汉族节日习俗。到了雨水节气，出嫁的女儿纷纷带上礼物回娘家拜望父母。生育了孩子的妇女，须带上罐罐肉、椅子等礼物，感谢父母的养育之恩。久不怀孕的妇女，则由母亲为其缝制一条红裤子，穿到贴身处。据说，这样可以使其尽快怀孕生子。该习俗现在仍在四川农村流行。

3.二月二

①"二月二"这一节日习俗起源很早，民间流传"二月二，龙抬头；大仓满，小仓流"，象征着春回大地，万物复苏。它是从上古时期人们对土地的崇拜中产生、发展而来，在南、北地区形成了不同的节俗文化：南方为社日，北方为龙抬头节。

按照北方地区的旧俗，这一天，人人都要理发，意味着"龙抬头"走好运，给小孩理发叫"剃龙头"；妇女不许动针线，恐伤"龙睛"；人们也不能从水井里挑水，要在头一天就将自家的水瓮挑得满满当当，否则就触动了"龙头"。我国南方普遍奉祀土地神，又称土神、福德正神，客家人称土地伯公。二月二社日习俗内容丰富，主要活动是祭祀土地和聚社会饮，借敬神、娱神而娱人。

❶解释说明

对"二月二，龙抬头"的习俗进行简单介绍，与当今社会的风俗习惯遥相呼应，说明这一习俗流传至今。

三、相关故事

拉保保

②很久以前，人们不懂科学，所以完全迷信命理之说，又因为那时的医疗条件不好，很多幼小的孩子生病无法医治，只能眼睁睁地看着夭折。所以一般有幼儿的父母都习惯为儿女求神问卦，看自己的孩子好不好带，尤其是独生子，更怕失去，一定要拜个干爹，目的则是为了让干爹护佑儿女健康、平安地长大，拉保保的习俗就是这样形成的。

除了各式各样的庆祝活动外，我国民间在元宵节还有"游百病"的活动。③"游百病"又称"走百病""遛百病""散百病"，参加活动的主要是妇女。所谓游百病，属于古代元宵节或正月十六，妇女避灾求福的一种民俗活动，明清时尤为

❷解释说明

对拉保保的由来背景进行简单介绍，使得文章内容更加丰富多彩，引起读者的阅读兴趣。

❸设置悬念

为什么"游百病"活动参加的人员主要是妇女？引起读者的阅读兴趣。

盛行。清康熙《大兴县志》载："元宵前后，赏灯夜饮，金吾梦弛。民间击太平鼓，走百索，妇女结伴游行过津桥，曰：'走百病'。""走百病"在民间是很讲究的，必须是在特定时间进行，妇女们聚合在一起，或走墙边，或过桥或走郊外，目的是祛病除灾。这是一种消灾祈健康的活动。①民间普遍认为，在"游百病"时，还要"摸钉"，方能求吉除疾。"摸钉"，是指到寺庙烧香，用手触摸庙中大门上的门钉，以此祈盼家庭人丁兴旺。

①行为描写　对"游百病"时人们的行为特点进行概述，说明人们对神灵的尊重，对幸福生活的向往。

作为一种古老的传统民俗文化，"游百病、拉保保"活动每年在农历正月十六展开。"保保"一词也从旧时单指的"干爹"拓展为"干爹干妈"。而广大地区更是在拉保保的基础上，结合"游百病"，演化成了声势浩大的"保保节"。②是日，在人们约定的场所，无论这天是晴天还是雨天，古柏森森的道路上人流如潮，巫卜星相、纸钱香蜡、小食摊点、流动商贩，云集道旁。善男信女、大家闺秀、公子哥儿、山民村姑，三五成群，拉拉扯扯、挤来拥去，欢声笑语，热闹非凡。所有预备为自己孩子拜干爹、干妈的父母，都会带上精心准备的好酒好菜、香蜡纸钱等物，背着、抱着或牵着娃娃在人群中穿梭往来，找寻自己心仪的干爹、干妈对象。

②环境描写　对当日的环境进行简单刻画，可以看出人们不管天气的好坏，距离的远近，都前往约定的场所祈福求保佑。

如果父母希望孩子长大以后知识渊博，一般就会拉一位知书识礼、有书卷气质的人做干爹、干妈；如果自己的孩子身体比较瘦弱，父母往往就会拉一位身强体壮的人做干爹、干妈……当然，一旦被拉着当了干爹、干妈，除了少数人会挣脱跑掉外，绝大多数人都会爽快地答应下来，并认为这是别人对自己充分的信任，相信自己的命运也会好起来。

拉到干爹、干妈之后，孩子的父母以及周围的热心人会连声叫道："打个干亲家！打个干亲家！"③一旦得到被拉的人同意，孩子的父母就会簇拥着他来到古柏树脚下，以"古柏为证"，寓意：古柏长寿。然后摆好带来的好酒好菜，焚香点蜡，叫孩子向被拉的人行跪拜礼，并叫一声"保保"。接

③行为描写　从人们的一系列行为可以看出他们非常虔诚，充满了真心。

着，双方大人互道姓名、住址，以“干亲家”相称，就地举杯饮酒祝愿。①被拉的“保保”就是孩子的“干爹”或“干妈”，孩子是“干儿子”或“干女儿”。当干爹、干妈的要给干儿子、干女儿另取一个含有“福禄寿喜”“百年长寿”或“鹏程万里”等良好的祝愿的名字。

拉保保成功之后，孩子的父母往往会和干爹、干妈长久地保持亲密的联系，他们就是所谓的“常年干亲家”，少部分鲜有联系的干爹、干妈则被称为“过路干亲家”。

人们之所以选择在雨水节气这天为孩子拉保保，祈祷孩子平安健康，是为取“雨露滋润易生长”之意。随着时代的发展，拉保保的含义与形式已逐渐改变。原来那种“领子保关煞”的迷信观念逐步发展为沟通思想、联络感情、关心下一代成长的特殊活动。

①**叙述说明**

尽管在当时人们的生活并不富足，但是他们却充满了爱心和善心，让善意在每个人身上流动。

读书笔记

精华赏析

本章主要讲述了二十四节气中的第二个节气——雨水，作者首先叙述了其时间和意义，随后讲述了百姓为了庆祝这一节气的所作所为，可以看出他们对幸福生活的向往和无限热情。

延伸思考

1.为什么“拉保保”的活动逐渐被取消了？

2.简要概述雨水这一节气的重要性。

相关评价

本章主要讲述了雨水节气时人们的生活变化，通过人们为了庆祝或是度过这一节气所做的事情，可以看出当时人们虽然日子清贫，但是彼此之间的联系是非常紧密且暖心的，这也是我们当今社会人与人之间非常缺乏的一种情谊。

惊蛰

名师导读

惊蛰反映的是自然生物受节律变化影响而出现萌发生长的现象。时至惊蛰，阳气上升、气温回暖、春雷乍动、雨水增多，万物生机盎然。

一、什么是惊蛰？

中国农历二十四节气中的第三个节气是惊蛰，古时又称“启蛰”。在每年公历3月5日或6日交节。天气回暖，春雷始鸣，惊醒蛰伏于地下冬眠的昆虫就是惊蛰的意思。蛰是“藏”的意思。其实，昆虫是听不到雷声的，大地回春，气温变暖才是使它们结束冬眠、“惊而出走”的真正原因。[1]惊蛰时节，该种的农作物都可以开始种了，是万物生长的好时光。除东北地区、西北地区依然是白雪皑皑的冬日景象外，我国大部分地区平均气温已升至0℃以上，华北地区日平均气温为3℃至6℃，沿江江南地区为8℃以上，而西南地区和华南地区已达10℃至15℃，早已是一派融融春光，日照时数也有了明显的增加，所以说，惊蛰是全年气温回升最快的节气。

“惊蛰”前后，偶有雷声，对此已做出了科学说明，是北上的湿热空气势力较强与活动频繁或者大地湿度越来越高而促使近地面热气上升所致。[2]我们国家由于南北地区跨度大，从自然物候进程看，就形成了春雷开始的时间迟早不一。“惊蛰始雷”的说法仅与沿长江流域以南的气候规律相吻合。就多年平均而言，云南南部在1月底前后即可闻雷，

①叙述说明

惊蛰时节气温上升，全国各地温度大都升到0℃以上，万物苏醒，春姑娘已经来了。

②解释说明

对惊蛰“春雷”的概念进行简单解释，可以看出由于我国地貌的影响，各地的春雷时间并不相同。

而北京的初雷日却在4月下旬。

[1]在农事繁忙的时节里，惊蛰节气有着相当重要的意义。因此自古以来，我国就非常重视这个节气，广大劳动人民把它视为春耕开始的日子。在二十四节气中，惊蛰反映的是气候变化影响了自然生物的生长发育现象。惊蛰时节正是大好的“九九”艳阳天，“春雷响，万物长”，气温回升，雨水增多，农家无闲。

惊蛰节气正是处在时寒时暖的时候，谚语有“冷惊蛰，暖春分”的说法。[2]惊蛰节气里最引人注意的便是雷鸣，如“未过惊蛰先打雷，四十九天云不开”。惊蛰节的风也是用来做预测后期天气的依据，如“惊蛰刮北风，从头另过冬”“惊蛰吹南风，秧苗迟下种”。

“春雷惊百虫”，天气越来越暖和了。可是，对于各种病害、虫害的出现和延伸也提供了有利条件，而且田地中的杂草也都慢慢地生长起来，所以应及时搞好病虫害防治和中耕除草活动。长江流域大部分地区，因气温回升较快，已渐有春雷。在我国南方大部分地区，雨水、惊蛰都可以听到春雷初鸣；而华北、西北地区除了个别年份以外，一般要到清明才有雷声。

二、惊蛰的习俗

惊蛰到了，天气转暖，万物复苏，大部分地区进入春耕时节。“到了惊蛰节，锄头不停歇。”这农谚说的是：好季节不等人，一刻钟的时间都能值千金啊。惊蛰时节也有不少习俗，下面为大家介绍一下。

1.惊蛰吃梨

[3]在惊蛰这天吃梨，多有“离家创业”之意，也暗含自己对未来的期许。再后来惊蛰日吃梨，亦有“努力荣祖”之念。

2.祭白虎化解是非

白虎在中国民间传说中是口舌、是非之神。它每年都

❶ 叙述说明

从这句话中可以看出惊蛰这个节气的重要性，其标志着广大劳动人民开始了这一年的劳作。

❷ 引用

作者在这里引用谚语，丰富了文章的内容，更加凸显了惊蛰的重要性。

❸ 叙述说明

对惊蛰吃梨的习俗和缘由进行简单介绍，可以看出惊蛰过后众人都开始离家奋斗。

会在惊蛰这天出来觅食，人们若遇上它，则在这一年之内，会百般不顺，而且经常遭到邪恶小人兴风作浪，阻挠前程发展。于是为了自保，人们想出了一个办法，就是在惊蛰那天祭白虎。

①拜祭的白虎是人们用纸绘制出来的。那纸老虎一般被画成黄色黑斑纹，口角有一对獠牙。在拜祭时，先摆上一碗肥猪血，表示将喂给它吃，这样，它吃饱后就不会再出口伤人了；接着，再用生猪肉抹在纸老虎的嘴上，使之充满油水，这样，就能让它不再张口说人是非。

❶细节描写　对祭拜的白虎形象进行简单描绘，可以看出它非常可怕，也说明它对百姓的生活造成了很大的威胁。

3.“打小人”驱赶霉运

广东和香港一带，每年惊蛰那天便会出现一个有趣的场景：妇人一边用木拖鞋拍打纸人，一边口中念念有词“打你个小人头，打到你有气无得透；打你只小人手，打到你有眼都唔识偷”的打小人咒语。很多人都将“打小人”神化，其实，这完全是民间习俗而已。②“打小人”的用意在于，通过拍打代表“小人”的纸人，驱赶身边的小人瘟神，宣泄内心的不满。大部分人去打小人，目的都是将个人心中的怨愤排解出去，并求得新的一年里事事如意。

❷解释说明　对“打小人”的行为进行简单的解释说明，可以看出这只是人们为了发泄心中不满的一种表现形式而已。

其实，刚开始时是因为在惊蛰那天，会平地一响雷，这样就唤醒了那些冬眠中的蛇虫鼠蚁，于是家中的爬虫走蚁便纷纷爬了出来，四处觅食。所以古时惊蛰当日，人们会手持清香、艾草，熏家中四角，以香味驱赶蛇、虫、蚊、鼠和霉味。时间一长，渐渐演变成不顺心者拍打对头人和驱赶霉运的习惯，亦即“打小人”的前身。

《千金月令》中有记载：“惊蛰日，取石灰撒门限外，可绝虫蚁。”③意思是：在惊蛰这天，人们将具有杀虫功效的石灰撒在门槛外，那样在一年之内虫蚁都不敢爬进家门。这就和听到雷声将衣服抖一抖的道理一样，是为了给各类虫

❸解释说明　惊蛰过后万物复苏，各种虫子也渐渐苏醒觅食，这会给人们的生活造成一定困扰，所以人们才有此行为。

注释

念念有词：旧时迷信的人小声念咒语或说祈祷的话。指人不停地自言自语。

子们一个警告，希望害虫离自己远远的，不要总来烦扰。

三、相关故事

黄帝战蚩尤

①雷鸣是惊蛰的一个比较具有代表性的现象。远古时期人们无法解释这种现象，就幻想出一位名叫雷神的神仙，他的模样是鸟嘴人身，长了一双翅膀。在他的身体周围环绕着许多天鼓。雷神一手持锤，一手连击环绕周身的天鼓，这样就发出了隆隆的雷声。于是在惊蛰这天，天庭有雷神击天鼓，人间也利用这个时机蒙鼓皮、敲鼓来给予回应。而惊蛰“蒙鼓皮”的习俗也一直延续至今。不过，大家或许不知道，最早的“蒙鼓皮”可以追溯到上古时期“黄帝战蚩尤”的神话传说。

②当年，黄帝打败炎帝之后，许多诸侯都想拥戴他当天子。可是炎帝的手下不甘心向黄帝臣服，而且几次三番挑起战争，他们里面以蚩尤最为嚣张，蚩尤一心想颠覆黄帝的统治，并取而代之。

相传蚩尤原来臣属于黄帝，在炎帝战败后，蚩尤于庐山脚下发现了铜矿，这让蚩尤的队伍很快就装备起了包括剑、矛、戟、盾在内的各种铜制的先进兵器。眼看着军威大振，蚩尤便生起野心要为炎帝报仇。蚩尤生性残暴好战，据说他有八十一个兽身人首、铜头铁额的兄弟，他们能将石头、铁块当饭吃。蚩尤还联合了风伯、雨师和夸父部族的人，气势汹汹地来向黄帝挑战。

③黄帝生性慈悲爱民，若是发动战争，势必会使百姓生灵涂炭、家破人亡。因为他不愿看到战争给百姓们带来的一切灾难，所以就一直劝说蚩尤休战。谁知蚩尤不听劝告，反而认为黄帝软弱可欺，变本加厉地多次侵犯边界，不停地挑战

❶引出下文

开篇引出下文，雷鸣是惊蛰时的一种天气现象。但是，这与黄帝和蚩尤又有什么关系呢？让我们一起往下看吧。

❷背景介绍

对于黄帝和蚩尤之战的背景进行简单介绍，由于之前的恩怨一直未了，年轻气盛的蚩尤一心想推翻黄帝的统治。

❸行为描写

从黄帝劝说蚩尤的这一行为可以看出，他非常爱戴黎民百姓，不想挑起任何战争。

黄帝的底线。被逼无奈的黄帝只能连连叹息道："我若失去了天下，蚩尤掌管了天下，我的臣民就要受苦了。我若姑息蚩尤，那就是养虎为患了。现在他不行仁义，一味侵犯，我必须对他严惩不贷！"于是黄帝亲自带兵出征，与蚩尤对阵。

①黄帝手下有名大将名叫应龙。应龙能飞，还能从口中喷水。于是黄帝派他先打头阵。应龙来到阵前，立即升到空中，现出原形。原来他是一条巨龙。只见那巨龙居高临下，摇头摆尾，很快地从口中喷出一股水柱冲向蚩尤的部队。眨眼间，水柱猛烈，波涛汹涌。蚩尤阵前被冲垮了一大片。蚩尤连忙派遣风伯、雨师上阵。风伯和雨师，一个刮起满天狂风，一个把应龙喷出的水柱收了起来。然后两个人又施出神威，发动了狂风暴雨向黄帝阵中打去。而应龙只会喷水，不会收水，再加上风伯、雨师两人战一人，最后应龙落荒而逃。这次战役黄帝大败。

①承上启下

本句在文中起着承上启下的作用，骁勇善战的应龙能否打败蚩尤呢？让我们拭目以待。

经过了一段时间的休整，黄帝又带领军队，鼓舞士气，再次与蚩尤交锋。这次黄帝亲自出战，他一马当先，领兵冲入蚩尤阵中。看到这些，蚩尤便施展了喷烟吐雾的法术，把黄帝和他的军队团团罩住。黄帝的军队被围困在烟雾中，看不清敌人，辨不清方向，杀不出重围。天渐渐黑了，黄帝的军队还被困在蚩尤的烟雾阵中。就在这危急关头，黄帝抬头看到了天上的北斗星，斗柄转动而斗头始终不动，他便根据这个原理发明了指南车，认定了一个方向，这才带领军队冲出了重围。

读书笔记

黄帝和蚩尤一来二去打了七十多仗，结果是胜少败多，他焦虑不安、心力交瘁，整日在苦苦思索打败蚩尤的方法。终于有一天，黄帝累得坐在桌旁不知不觉睡着了。这一睡，他做了个奇怪的梦，梦见九天玄女交给他一部兵书并嘱咐道："把它带回去用心研读，熟练运用里面的阵法，这样必能打败敌人！"说完就放下书飘然离去。

黄帝猛然惊醒，竟然真的发现手中多了一本《阳符经》。

打开一看，只见上面写着几个文字："天一在前，太乙在后。"黄帝顿然开悟，立即按照书中所写的兵法，设九阵，置八门，阵内布置三奇六仪，阴阳二遁，最终演习变化成为一千八百阵。黄帝将其命名为"天一遁甲"阵，并且带领部队多次演练。经过一段时间的操练，部队已能熟练运用此阵法，于是黄帝决定重新率兵与蚩尤决战。

[①]出征之前，为了鼓舞士气，振奋军威，一举打败蚩尤，黄帝想出了一个办法：做一面特殊的大鼓。他打听到东海中有一座流波山，山上住着一头名叫"夔"的野兽，它吼叫的声音就像打雷一样，声震天际。黄帝派人把夔捉来，将它的皮剥下来做鼓面，果然声音震天动地。黄帝又派人将雷泽中的雷兽捉来，从它身上抽出一根最大的骨头当鼓槌。传说这夔牛鼓一敲，能震响五百里，连敲几下，能连震三千八百里。黄帝又用牛皮做了八十面鼓，使得军威大振。

为了彻底打败蚩尤，黄帝还将平时住在遥远的昆仑山上的女儿女魃特意召来助战。女魃是个旱神，会收云息雨，是风伯、雨师的克星。

[②]一切都已充分准备好了，新的对战开始了。黄帝布好阵势，发起了对蚩尤部队总攻的命令。两军对阵，黄帝下令擂起战鼓，那八十面牛皮鼓和夔牛皮鼓一响，声音震天动地。听到这鼓声，黄帝的士兵个个精神百倍，浑身充满了无所畏惧的勇气；而蚩尤的士兵听见鼓声却失魄落魂，如丧考妣。蚩尤看见自己的部队士气低落，节节后退，便集合他的八十一个兄弟一起施起神威，凶悍勇猛地冲入阵中。两军杀在一起，直杀得山摇地动，日抖星坠，难解难分。

蚩尤和他那八十一个兄弟骁勇善战，确实不好对付。于是黄帝就派应龙出阵迎战。[③]应龙飞到空中，张开巨口，江河般的水柱从上至下喷射而出，直将没有防备的蚩尤部队冲得人仰马翻。蚩尤一看，连忙令风伯、雨师迎战。风伯、雨师立即出阵上前掀起狂风暴雨打向黄帝阵中，很快黄

①行为描写

这特殊的大鼓为什么可以鼓舞士气呢？它又会对战役的推进起到什么作用呢？

②叙述说明

对于这最终一战，黄帝早已做好了准备，他没有理由不赢得这场胜利。

③场面描写

此时的场面无疑是恢宏且壮观的，这一次应龙的本事终于派上了用场，帮黄帝奠定了胜利的基础。

帝阵中的地面上洪水暴涨，波浪滔天，情况很紧急。这时，女魃走入阵中，刹那间从她身上放射出了滚滚的热浪，她走到哪里，哪里就风停雨消，烈日当头。风伯和雨师无计可施，败下阵来逃跑了。黄帝一马当先，率军乘胜追击，部队势如破竹，把蚩尤的部队打得溃不成军，四处逃散。

读书笔记

由于蚩尤的头跟铜铁铸的一样硬，平常的兵器打到他的头上不是被震飞，就是被震坏，根本伤不到分毫；而他可以靠吃铁块、石子充饥，所以也饿不着；最厉害的是，他还能在空中飞行，在悬崖峭壁上就像在平地行走一般，所以黄帝怎么也捉不住他。当一直追到冀州中部时，黄帝突然想到了一个办法，他命人把夔牛皮鼓抬过来，拿起雷兽骨槌使劲地连擂九下。蚩尤顿时被那响彻天际的鼓声震得魂飞魄散，行动不得，最终被黄帝抓住了。①黄帝打败蚩尤后，诸侯都尊奉他为华夏的天子，这就是轩辕（黄帝的名字）黄帝。轩辕黄帝带领百姓，开垦农田，定居中原，奠定了华夏民族的根基，而“蒙鼓皮”也演变为传统习俗，流传至今。

①叙述说明

经过艰难的决战，黄帝终于取得了胜利，也终于让黎民百姓过上了安详、平静的生活。

精华赏析

本章主要讲述了二十四节气中惊蛰这一节气的典故和来由。可以看出，惊蛰是一年之中非常重要的节气，标志着万物的苏醒。同时在描述中，作者采用了举例子的写作手法，生动形象地将其呈现在读者眼前。在阅读黄帝战蚩尤的故事时，让人有种身临其境的感觉。

延伸思考

1.为什么蚩尤要和黄帝决一死战？

2.黄帝最终靠什么打败了蚩尤？

相关评价

本章主要分为两个部分。一是讲述惊蛰的由来和意义，二是讲述人们对其态度和在这个节气需要做的事情。同时，穿插了黄帝战蚩尤的故事，让文章内容丰富多彩，非常具有可读性。

春 分

名师导读

春分是一个相当重要的节气，它在天文学上有重要意义——南北半球昼夜平分。在气候上，也有比较明显的特征，北半球各地白昼开始长于黑夜，南半球各地白昼开始短于黑夜。

一、什么是春分？

中国农历二十四节气中的第四个节气是春分。当太阳位于黄经0°时便是春分点。春分也称“升分”，于公历3月19日至22日交节。春分时日太阳直射点在赤道上，此后太阳直射点继续北移，所以古时又称为“日中”“日夜分”“仲春之月”。①而且它在天文学上的意义也很重要：南北半球昼夜平分。在气候上，春分也有比较明显的特征，因此是个相对重要的节气。

❶叙述说明：对春分时节在天文学上的意义进行简单介绍，过了这个节日后，北半球各地白昼开始长于黑夜，南半球各地白昼开始短于黑夜。

春分的时候，全球没有极昼或极夜的现象，白天和黑夜时间是一样长的。但是春分过后，北半球各地天亮的时间会越来越早，天黑的时间越来越短；而南半球正好相反，天亮的时间越来越晚，天黑的时间则越来越长。另外，在春分之后，极昼现象在北极附近开始出现，并且范围渐渐扩大；同时南极附近极夜现象也开始出现，其范围也在不断地扩大。

春分除了在一天时间里白天和黑夜各为十二小时，即昼夜平分意义外，还有在古时以立春至立夏为春季，春分正当春季三个月之中，平分了春季这层意思。②因此，在《明史·历一》中记载：“分者，黄赤相交之点，太阳行至此，乃昼

❷引用：作者在这里引用典籍，更加说明了在中国古代，春分的概念和意义就已经为人所知。

夜平分。”《月令七十二候集解》：“二月中，分者半也，此当九十日之半，故谓之分。秋同义。”《春秋繁露·阴阳出入上下篇》说：“春分者，阴阳相半也，故昼夜均而寒暑平。”

春分时节有足够的降雨量，充分的光照时间，温暖明媚的天气。因此全国大部分地区的越冬作物进入春季生长阶段，此时也是早稻的播种期。

二、春分的习俗

春分不只是一个节气，也是传统节日之一。《礼记》中记载：“祭日于坛。”清潘荣陛在《帝京岁时纪胜》中写道：“春分祭日，秋分祭月，乃国之大典，士民不得擅祀。”所以春分也是节日和祭祀庆典之时，古代帝王有春天祭日、秋天祭月的礼制。而在中国民间，春分都是以春日郊游的形式开始的。春分时节也有不少习俗，下面为大家介绍一下。

1.竖蛋

①中国习俗里有竖蛋这一游戏。春分是竖蛋游戏的最佳时节，故有“春分到，蛋儿俏”的说法，竖立起来的蛋儿好不风光。现在每年的春分，世界各地都会有数以千万计的人在做“竖蛋”试验。这一被称之为“中国习俗”的玩意儿，何以成为“世界游戏”，不得而知。“竖蛋”这一玩法的确简单易行且富有趣味：选择一个光滑匀称、刚产下四五天的新鲜鸡蛋，轻手轻脚地在桌子上把它竖起来。虽然失败者颇多，但成功者也不少。

2.春牛图

“春牛图”一般用红纸或者黄纸制作，大约二开纸大小，纸面上印有全年的农历节气，并配上农夫耕地或者“芒神”牵牛的图案，所以起名叫作“春牛图”。②“春牛图”的图案以“芒神”牵牛居多，往往以此祈求一年的风调雨顺、五谷丰登。

春分时节，民间有挨家挨户“送春牛图”的习俗。按传统习俗，春分日贴“春牛图”。尤其在中国传统牛年，“春牛

读书笔记

❶叙述说明

对春分竖蛋的习俗进行介绍，可以看出古时候人们的日常娱乐活动还是非常丰富的。

❷叙述说明

对“春牛图”进行简单叙述，也直接反映了人们非常重视春分这个节气。

图”更是备受青睐，不仅“春牛图”年画卖得火，而且连银行的纪念币、新春贺卡和新年礼物的包装上，也印有“春牛图”。

三、相关故事

哥伦布竖蛋的故事

[1]竖立鸡蛋不仅有许多科学道理，而且还包含很多丰富深邃的哲学思想。这里面就有个有趣的小故事。

❶统领全文
本句在文中起着统领全文、引起下文的作用，竖立鸡蛋为什么还有十分深邃的哲学意义呢？引起读者的阅读兴趣。

著名的意大利航海家哥伦布在横渡茫茫大西洋，发现了美洲新大陆后，瞬间声名远扬。但是有人对其发现不以为然，甚至讥其为“纯属偶然”。

在一次庆功大会上，哥伦布提议宴会上的人们尝试一下，能不能把桌上的鸡蛋竖立起来，结果没有一个人成功。哥伦布笑着说：“我就能把鸡蛋竖起来。请大家看我表演。”说完他一下子把鸡蛋磕下去，鸡蛋壳的一头破了，蛋也就竖立起来了。[2]然后他笑着调侃道：“这就是我的发现，的确十分容易，但是，为什么你们想不到呢？”

❷语言描写
从哥伦布的话语和行为可以看出，他非常的机智聪明。

鸡蛋匀称光滑的曲线是它难以竖立起来的原因，也是它的魅力所在。

在我国民间把脸庞称为“脸蛋”，并以蛋形作为脸庞美丽与否的标准。这充分说明了我国人民高超的美学鉴赏水平和蛋形的美学属性。可是，在很长一段时间里，人们一直找不到蛋形曲线的数学表达式，就连数学家也只能凭借直尺和圆规来做出近似的蛋曲线。难怪画了成千上万个蛋的画家也说，没有两个蛋是一模一样的。[3]欧洲文艺复兴时期的著名画家达·芬奇，曾经废寝忘食两年多，天天练画蛋曲线，这为他后来成功地塑造蒙娜丽莎神秘的微笑打下了坚实的基础。

❸叙述说明
对达·芬奇和“蛋”之间的“缘分”进行叙述，也从侧面反映了成大事之前一定要耐得住寂寞。

直到现代，数学家才找到蛋曲线的数学方程：x^2/a^2+

y^2/(ky+b)^2=1。其中,|k|< 1 且 k≠0,终于解开了蛋曲线作图这个困惑几代人的难题。今天,造型为蛋形的汽车、飞艇、桥梁、隧道、体育馆、音乐厅和其他建筑物,在世界各地都可以看到,它们完美地实现了科学与文化、科学与艺术、科学与美学的结合。

春牛图的故事

①古时候,人们是用土制作春牛的,春牛高四尺,象征一年四季;长八尺,象征农耕八节——立春、春分、立夏、夏至、立秋、秋分、立冬、冬至;尾巴长一尺二寸,是一年十二个月的象征。在举行祭典的时候,文武百官用彩杖鞭策它以示鼓励农耕。

❶叙述说明

对古代人们用春牛记录时间进行概述。可以看出,人们记录时间的方法非常简单,但是,也十分实用。

②在春牛图里出现的那个牧童即"芒神",又名"句芒神"。他原是古代传说中掌管树木的官吏,后来被奉为芒神。芒神身高三尺六寸,是农历一年三百六十日的象征;手上鞭长二尺四寸,代表一年二十四个节气。如果芒神没有穿鞋且裤管高卷,就代表该年雨水多,农民要做好防涝准备;相反则代表干旱。如果他一只脚光着,一只脚穿着草鞋,就代表该年是雨量适中的好年景。此外,芒神戴草帽表示天气阴凉,不戴草帽则是炎热的意思。

❷叙述说明

对芒神的由来进行概述,可以看出古代劳动人民拥有非常高的智慧。

芒神的衣服与腰带的颜色,也因为立春这一天的日支之不同而不同。而牧童的鞭杖上的结也因立春日的日支不同而用的材料也不同,分有苎、丝、麻,结的铲七则都是用青、黄、赤、白、黑等五色来染。

③春牛图是著名民间木版年画中的经典作品之一。它表达了人们心中对五谷丰登、天从人愿,以及对人寿年丰的祈求,因此是我国民间经常见到的代表祥瑞的图案,更是几千年里长盛不衰的绘画内容。

❸叙述说明

"春牛图"中寄托着人们对未来的希望,希望自己的生活一帆风顺,希望五谷丰登、一派祥和。

本章主要讲述了春分时节人们的习俗以及庆祝方式，让读者了解了这个节气对于劳动人民的重要意义，语言生动形象。同时列举古今中外的故事，让文章更具可读性。

延伸思考

1.哥伦布竖蛋的故事中有什么哲学道理？
2.“春牛图”的意义是什么？

相关评价

本章主要讲述了惊蛰的由来和意义，让读者感受到了古代劳动人民的智慧结晶，特别是在对“春牛图”的描述上，更能让人感受到他们对幸福生活的向往，对风调雨顺生活的祈求。

清　明

名师导读

清明节是中国重要的传统节日，是重要的“八节”之一，一般是在公历的4月5日；但其祭祖节期很长，有10前8后及10前10后两种说法，这约20天均属清明祭祖节期内。

一、什么是清明？

中国农历二十四节气中的第五个节气是清明。清明节既是一个扫墓祭祖的肃穆节日，也是人们走进自然、散步游玩、拥抱春天的快乐节日。①所以清明节是我们国家最古老、最重要的传统节日之一。斗指乙（或太阳黄经达15°）为清明节气，交节时间在公历4月5日前后。清明祭祖节期很长，有10日前8日后及10日前10日后两种说法，这约20天均属清明祭祖节期。这一时节，阳气旺盛、阴气衰退，万物“吐故纳新”，春回大地，百花争艳，一派春意盎然。这种天气也非常适合郊外踏青春游与祭祖扫墓。

清明节源自上古时代的祖先信仰与春祭礼俗，奠定了其悠久的历史地位。清明节凝聚着民族精神，传承了中华文明的祭祀文化，抒发人们礼尊祖先、敬重宗室、继承先哲的志向和言事理政的道德情怀。清明节，是中华民族最隆重盛大的祭祖大节，属于礼敬祖先、谨慎从事、追念前贤的一种文化传统节日。

②农谚“清明前后，点瓜种豆”“植树造林，莫过清明”就说的是清明时节，天气越来越暖和，降雨也慢慢多了起来，

❶叙述说明

文中的这句话奠定了清明在二十四节气中的重要地位，这个节气不仅仅是扫墓祭祖，也有让人们拥抱新生活，拥抱春天的意味。

❷引用

通过引用农谚引出清明的另一个深刻意义，它标志着天气越来越暖和，是春耕春种的好时候，也是老百姓非常重视的一个节气。

注释

八节：中国八大传统节日，即上元、清明、立夏、端午、中元、中秋、冬至和除夕。

这正是春耕春种的大好时节。所以，清明对农业生产来说，是一个非常重要的节气。

不只我国，越南、韩国、马来西亚、新加坡等国家和地区也过清明节。清明节与春节、端午节、中秋节并称为中国四大传统节日。2006年5月20日，经国务院批准，将中华人民共和国文化部申报的清明节列入第一批国家级非物质文化遗产名录(类别：民俗；编号：X－2)。

根据各类学科研究成果，人们最初的两种信仰，一是天地信仰，二是祖先信仰。上古干支历法的制定为节日形成提供了先决条件，祖先信仰与祭祀文化是清明祭祖礼俗形成的重要因素。

二、清明的习俗

①清明节不仅有祭奠祖先、清扫坟墓、怀念追思死去亲友的主题，也有走进自然、放松身心、欣赏春景的主题，总的来说，是由两大节令传统组成的：一是礼敬祖先，慎终追远；二是踏青郊游、亲近自然。并且“天人合一”的传统理念在清明节中也得到了生动体现。经历史发展，清明节在唐宋时期融汇了寒食节与上巳节的习俗，杂糅了多地多种民俗为一体，具有极为丰富的文化内涵。清明时节也有不少习俗，下面为大家介绍一下。

❶叙述说明：对清明节的两大主题进行概括，引出下文的内容，这样使得文章结构更加完整、丰富。

1.踏青

踏青又叫春游。古时叫探春、寻春等。四月清明，春回大地，自然界到处呈现一派生机勃勃的景象，正是郊游的大好时光。我国民间长期保持着清明踏青的习惯。

2.放风筝

放风筝也是清明时节人们所喜爱的活动。每逢清明时节，人们不仅白天放，夜间也放。②夜里在风筝下或风筝拉线上挂上一串串彩色的小灯笼，像闪烁的明星，被称为“神灯”。过去，有的人把风筝放上蓝天后，便剪断牵线，任凭清风把它

❷叙述说明：对放风筝这一行为进行简单叙述，可以看出这一行为源远流长，从古至今都是一项非常有意思的活动。

们送往天涯海角。据说这样能除病消灾，给自己带来好运。

3.扫墓祭祖

清明扫墓，谓之对祖先的“思时之敬”，其习俗由来已久。明《帝京景物略》载：“三月清明日，男女扫墓，担提尊榼，轿马后挂楮锭，粲粲然满道也。拜者、酹者、哭者、为墓除草添土者，焚楮锭次，以纸钱置坟头。望中无纸钱，则孤坟矣。哭罢，不归也，趋芳树，择园圃，列坐尽醉。”其实，扫墓在秦以前就有了，但不一定是在清明之际，清明扫墓则是秦以后的事，到唐朝才开始盛行。《清通礼》云：“岁，寒食及霜降节，拜扫圹茔，届期素服诣墓，具酒馔及芟剪草木之器，周胝封树，剪除荆草，故称扫墓。”这个习俗相传至今。

[1]清明祭扫仪式本应亲自到茔地去举行，但由于每家经济条件和其他条件不一样，所以祭扫的方式也就有所区别。“烧包袱”是祭奠祖先的主要形式。所谓“包袱”，亦作“包裹”，是指孝属从阳世寄往“阴间”的邮包。过去，南纸店有卖所谓的“包袱皮”，即用白纸糊一个大口袋。有两种形式：一种是用木刻版，把周围印上梵文音译的《往生咒》，中间印一莲座牌位，用来写上收钱亡人的名讳，如：“已故张府君讳云山老大人”字样，既是邮包又是牌位。另一种是素包袱皮，不印任何图案，中间只贴一蓝签，写上亡人名讳即可。

❶设置悬念

由于各家情况和经济条件的不同，扫墓也大不相同。究竟是怎样的呢？让我们一起往下看吧。

三、相关故事

重耳和介子推

清明时节万物生长，春暖花开，草长莺飞，景象变得清爽洁净起来，[2]所以清明节更像一个时令节气。说到清明，其实当时乃至今天人们过的是将寒食和清明融合为一的节日。

古时候在冬至后105日，清明节前一两日，就是寒食节。寒食节前后绵延两千余年，是最古老的节日之一。在

❷叙述说明

清明是万物生长的时节，同时也是与寒食和清明融合为一的节日，这也凸显了它的重要性。

寒食节要禁烟火、吃冷食，并且还有祭扫、踏青等风俗。[①]寒食节的真正起源并非来自介子推，但将纪念介子推作为寒食节起源的说法却更为流行。

❶设置悬念 介子推和寒食节有什么直接关系呢？引起读者的阅读兴趣。

相传在春秋战国时期，晋献公有一名宠妃名叫骊姬。她为了让自己的儿子奚齐成为太子，以继承国君之位，就设下了毒计谋害太子申生，申生最后被逼自杀身亡。重耳是申生的弟弟，他为了躲避迫害，不得已流亡国外。在流亡期间，原来跟着他一道出逃的臣子，陆陆续续地离开他各奔出路去了，只剩下少数几位忠心耿耿的人一直追随着他。重耳在逃亡途中受尽了屈辱。

重耳蛰居北方、杜门不出长达十二年，最后他终于决定重返中原，并打算寻求各国力量来帮助自己实现心愿。然而当他跋山涉水、历尽艰辛，好不容易到达卫国时，卫文公却不肯见他，给了令他难堪的闭门羹。而此时的重耳，身上的衣服都已经十分残破，而且好几天都没有吃东西了，万般无奈，他不得不低头向田夫乞讨，可谁知又被无良的田夫用土块当作米饭狠狠地戏谑了一番！

读书笔记

骨子里的傲气加上饥寒交迫，重耳生病是迟早的事。他和随从经过一个渺无人烟的地方，重耳身心疲惫，又累又饿，终于倒下了。他一直喃喃呓语着想喝一碗肉汤。可是，随行的人找遍了方圆几里的荒山，却没有找到一点儿能吃的东西，更别说肉汤了！众人全都满面愁容，不知所措。介子推沉默地看着这一切，喟然长叹一声，隐入林中。不多时，他脸色苍白，脚步踉跄，却稳稳地端着一碗滚热的肉汤出现在重耳面前，重耳接过来狼吞虎咽地吃了个精光！

喝过肉汤的重耳慢慢地恢复了精神。他抬起头问道："这肉汤是从哪里得来的？"随从们面带不忍之色，轻声说道：[②]"是介子推从他自己大腿上割下了一大块肉，煮成汤给您喝的。"重耳听到这番话后心里百感交集：父子、手足为了争权夺利都可以翻脸无情，以死相逼，而介子推却为了救我

❷语言描写 从众人的话语中可以看出介子推是一个值得信赖的人，这也更加坚定了重耳回国的决心。

这个落魄不堪的公子，竟将大腿的肉割下来！想到这里，他流下了感动的泪水，并一字一顿郑重承诺道："我重耳若有朝一日做了国君，一定要好好报答介子推！"[①]介子推听到重耳的话，只是淡淡地笑了笑，没有说话。

一晃十九年过去了，历尽磨难的重耳终于回到了晋国，成为一国之君，也就是历史上著名的晋文公。当年那些和重耳一起逃亡的人纷纷站出来，瞅准时机，述其功苦，欲谋个一官半职。介子推不发一语地看着那些自我吹嘘、争相邀功的丑恶嘴脸，感到十分厌恶。而此时的重耳正满心欢喜地沉浸在执掌政权的喜悦中，似乎早已忘了那个割掉大腿上的肉煮成汤给他吃的介子推，更是将当年自己那份郑重承诺抛之脑后。

无妨，无妨，记不起也好。介子推轻轻掸了掸衣袖，转身走出宫殿。这里，实在太闷人。夸功争宠吗？那不是他。与那些虚伪的人同朝为官吗？他做不到。[②]既然如此，那便离开吧。绵山，倒是个好去处啊。于是他打点好行装，带着老母亲到绵山隐居去了。

介子推的邻居解张看到晋文公对那些和他同甘共苦的臣子大加封赏，却独独没有介子推，感到十分气愤，于是写了首诗在夜里挂到城门上："有龙于飞，走遍天下。五蛇从之，为之丞辅。龙反其乡，得其处所。四蛇从之，得其露雨。一蛇羞之，死于中野。"

晋文公看到这首诗后，连忙派人将解张带到宫中，询问介子推的下落，并且说，谁能找到介子推，必有重赏。解张就把介子推逃走的前前后后说了一遍，并答应领路到绵山。晋文公封解张为下大夫，让其为向导，亲自带领一班文臣武将来到绵山寻找介子推。谁知绵山不仅山高路险，而且树木茂密，通行尚且不易，想要在这里找人更是难上加难。这时有人献计说，可以从三面点火烧绵山，逼迫介子推主动出山。晋文公同意了这个办法，点起了火。大火绵延数里，足足烧了三天，却始终不见介子推的身影。

①神情描写

介子推并没有感激涕零，也没有拂了重耳的好意，由此可以看出，他是一个非常淡泊名利的人。

②行为描写

介子推护送重耳做了国君，但他并没有居功自傲，反而无官一身轻地离开了。

读书笔记

❶场面描写

高傲的介子推以死来告诉所有人自己的决定，再次凸显了其清高的性格特征。

[1]一直到大火熄灭后，才有人发现，介子推背着老母亲死在了一棵老柳树下。晋文公见此惨状悲痛欲绝。他将一段烧焦的柳木，带回宫中做了一双木屐，每天望着它叹道："悲哉足下。"此后，"足下"成为下级对上级或同辈之间相互尊敬的称呼。

在大家装殓介子推的时候，有人在树洞里发现了一封血书，上面写道：割肉奉君尽丹心，但愿主公常清明。柳下做鬼终不见，强似伴君作谏臣。倘若主公心有我，忆我之时常自省。臣在九泉心无愧，勤政清明复清明。

当晋文公坐在宴席上，看朝臣推杯换盏，却怎么也高兴不起来。怎么可能高兴呢？今天，是那个曾经割掉自己大腿上的肉来救了他命的介子推刚刚命丧山林啊！望着眼前佳肴散发出的诱人热气，晋文公竟然生出万分的厌烦来。于是他随即下令，在介子推死难之日所有人不准生火做饭，只吃冷食，并称之为"寒食节"。第二年的寒食节，晋文公亲自率众臣前往绵山祭奠时，发现那棵老柳树死而复生，于是赐名老柳树为"清明柳"，并昭告天下，在寒食节之后设立清明节。

刘邦祭祖

❷叙述说明

本句在文中起着总领全文的作用，汉高祖刘邦的祭祖故事又是怎么回事呢？引起读者阅读兴趣。

[2]汉高祖刘邦清明节祭祖的故事由来已久。相传在秦朝末年，汉高祖刘邦打败了西楚霸王项羽，取得了天下。当他大功告成、衣锦还乡的时候，想要到母亲的坟墓上去祭拜一番。可是因为连年的战争，人们都争相逃避战火，谁还顾得上打扫收拾家中亡故亲人的坟墓啊。于是，一座座墓碑东倒西歪，大多断开破裂，坟头上也长满了高高的杂草，碑上的文字也大都无法辨认。

看到这一切，刘邦心里很是难过，虽然部下帮他翻遍所有的墓碑，可是临近黄昏了，竟然还没找到他母亲的坟墓。刘邦想了许久，决定顺从上天的旨意。只见他从衣袖里拿出纸，撕成许多纸片，紧紧捏在手中，然后合拢双手，①向上苍祷告说："母亲在天有灵，我将把这些纸片抛向空中，如果纸片落在一个地方，风都吹不动，就是母亲坟墓。"说完刘邦便把纸片抛向空中，纸片纷纷扬扬。果然在一座坟墓上落有一片纸片，而且不论风怎么吹，那纸片都一动不动。刘邦急忙跑过去，仔细地看那字迹已经模糊的墓碑，果然，隐约在破损的墓碑上看到了他母亲的名字！

❶语言描写

从刘邦的话语和行为中可以看出他是个有点儿浪漫又有点儿相信命运的人，让人读起来不禁莞尔一笑。

母亲在天之灵，真的听到了刘邦的祈祷，帮他找到了坟墓！刘邦高兴得手舞足蹈，他找人重新整修好了母亲的墓。并且从此以后，每年一到清明节，便来到母亲的坟上祭拜。后来民间的百姓，也和刘邦一样每年清明节都到祖先的坟墓祭拜，为了表示这座坟墓是有人祭扫的，大家都用小土块压几张纸片在坟头上。

精华赏析

本章主要向读者讲述了清明这一节气的由来和历史背景，作者通过典型的例子来刻画人们在这个节气时的生活习俗，凸显了清明节的重要性。文章结构完整，脉络清晰，非常具有借鉴意义。

延伸思考

1.为什么介子推要归隐山林？
2.为什么坟头上要放小纸片？

相关评价

本章主要讲述了清明节的故事和由来。在描述中可以感受到这个节日古往今来都具有非常重大的意义。同时，在叙述中作者通过大量的举例和描述，让读者感受到古时候人们的情谊和清高的个性，更加加深了人们对清明节的理解。

谷　雨

名师导读

谷雨是春季的最后一个节气，雨生百谷，反映了"谷雨"的农业气候意义。它是古代农耕文化对于节令的反映。

一、什么是谷雨？

❶叙述说明

谷雨与雨水、小满、小雪、大雪等节气一样，都是反映降水现象的节气，是古代农耕文化对于节令的反映。

中国农历二十四节气中的第六个节气是谷雨，也是春季最后一个节气，于每年公历4月19日至21日交节。①谷雨，看到这个名字就明白，是播种下雨的意思。上古时候是以北斗星的斗柄指向辰位为谷雨；现行的"定气法"以太阳到达黄经30°时为谷雨。

白居易的《春日闲居三首》中"舍上晨鸠鸣"一句，说的就是谷雨时节的景象。"鸠鸣"一词说的是布谷鸟在鸣叫。过去有说，谷雨时节布谷鸟啼叫，是叫大家快快撒种耕作。

❷解释说明

对于"春雨贵如油"这一说法进行解释，说明谷雨在节气中的重要性。

那满天纷飞的柳絮，怒放的牡丹还有熟透了的樱桃……这一切的景象都仿佛在提醒大家：春天就要走了。谷雨是春季的最后一个节气，这时田中的秧苗初插、作物新种，②最需要雨水的滋润，而谷雨的天气最主要的特点就是多雨，这样非常有利于谷物的生长，因此就有"春雨贵如油"一说。

这时，南方的气温升高较快，一般4月下旬的平均气温，除了华南北部和西部部分地区外，已达20到22℃，比中旬增高2℃以上。华南东部常会有一两天出现30℃以上的高温，使人开始有炎热之感。低海拔河谷地带也已进入夏季。

在《月令七十二候集解》中记载："三月中，自雨水后，土膏脉动，今又雨其谷于水也。雨读作去声，如雨我公田之雨。盖谷以此时播种，自上而下也。"谷雨时节正处在春末夏初之际，寒潮天气基本结束，气温加速回升，降雨增多，空气湿度逐渐加大，非常适合谷类作物的生长。

二、谷雨的习俗

①天气越来越暖了，人们在屋外待的时间也越来越长了。在我国北方地区，桃花、杏花争相开放；杨絮、柳絮漫天飞扬。由于在谷雨节气后降雨增多，空气中的湿度逐渐加大，此时我们应遵循自然节气的变化，针对其气候特点进行调养。谷雨时节也有不少习俗，下面为大家介绍一下。

1.赏牡丹

谷雨前后也是牡丹花开的重要时段。因此，牡丹花也被称为谷雨花。"谷雨三朝看牡丹"，赏牡丹成为人们闲暇之时重要的娱乐活动。至今，山东菏泽、河南洛阳、四川彭州一般在谷雨时节举行牡丹花会，供人们游乐聚会。

2.祭海

②对于渔家而言，谷雨节流行祭海习俗。谷雨时节正是海水回暖之时，百鱼行至浅海地带，是下海捕鱼的好日子。俗话说："骑着谷雨上网场。"为了能够出海平安、满载而归，谷雨这天渔民要举行海祭，祈祷海神保佑。因此，谷雨节也叫作渔民出海捕鱼的"壮行节"。这一习俗在今天山东荣成一带仍然流行。过去，渔家由渔行统一管理，祭海活动一般由渔行组织。祭品为去毛烙皮的肥猪一头，用腔血抹红，白面大饽饽十个。另外，还准备鞭炮、香纸等。渔民合伙组织的祭海没有整猪的，则用猪头或蒸制的猪形饽饽代替。旧时，村村都有海神庙或娘娘庙，祭祀时刻一到，渔民便抬着供品到海神庙、娘娘庙前摆供祭祀，有的则将供品抬至海

❶ **环境描写**

对于谷雨时节的环境状况进行简单描述，这也说明温度逐渐上升，夏姑娘要悄然而至了。

❷ **引出下文**

首句对"祭海"这一风俗习惯进行简单说明，引出下文的详细描述：因为地方不同、生活环境不同，人们对于节气的庆祝方式也不同。

边，敲锣打鼓，燃放鞭炮，面海祭祀，场面十分隆重。

3.禁蝎

在过去的时候，人们盖房建屋都用土坯来垒墙和盘炕，土坯与土坯之间存有缝隙，而那些缝隙则是蝎子最喜欢的藏身之所。[①]很多的老房子经过许多年的岁月侵蚀，其缝隙更是纵横交错，所以经常有蝎子出没，因此蝎子蜇人的现象也时常发生。而农历三月正值谷雨时节，此时气温加快回升，雨水也逐渐增多，正是蛰伏的各种虫类“复出”的时候。所以民间有传统，到了“谷雨三月中”的时节，毒性凶猛的蝎子遂为首当其冲的“打击对象”，这就是所谓的“禁蝎”习俗。

❶叙述说明
对谷雨前后有蝎子出没的状况进行简单叙述，可是究竟如何能消灭它们呢？引出下文。

谷雨这天，每家每户都要在墙上贴压蝎符。压蝎符上同时写有咒语：“太上老君如律令，谷雨三月中，蛇蝎永不生。”也有的写“谷雨日，谷雨晨，奉请谷雨大将军；茶三盏，酒三巡，送蝎千里化为尘”或“谷雨三月中，老君下天空，手持七星剑，单斩蝎子精”诸如此类。这一切都被记录在清光绪三十一年《绥德州志》上了。

“禁蝎”活动用的符纸是黄纸，有的邻居之间写好符咒后还互相赠予，一起张贴。等谷雨过了，人们就将咒符从墙上揭下来用火烧掉。这样，一年里就不会受到蝎子的侵扰了。当然随着现代的科技发展，如今的房屋建筑基本是用水泥做浇注和涂抹的材料，根本就没有毒虫的藏身之处，故而这一习俗逐渐少为人知。

三、相关故事

谷雨奖仓颉

[②]从远古以来，在几十万年的时间里，人们都是过着没有文字的痛苦日子。那时候的人们只能用手语交流记事；记录数字只能用绳结，或在骨片上刻一些奇形怪状的符号。

❷叙述说明
对文字出现之前人们的记录方式进行描述，这也为下文故事发展埋下伏笔。

那些有关于愤怒、喜悦、爱慕的情绪，也只能用手势比画出来。因此，常常看到几个人在一起张牙舞爪，争得面红耳赤的情景。[1]遇到理解能力差的人，就得要反复比画做手势。如果遇上性格暴躁、容易着急的人，就会经常比着比着就打起来了。你一木棍，他一石锥，暴力死亡事件随时随地都在发生。

❶叙述说明

没有文字的时候，人们只能用手语交谈，这导致了日常生活交流困难，给人们造成了非常多的困扰。

若有什么事情发生，那人们就只能用绳子打结来记事，即大事打一大结，小事打一小结，相连的事打一连环结。后来，又发展到用刀子在木竹上刻以符号作为记事。但是随着历史的发展，文明渐进，事情繁杂，名物繁多，用绳结和刻木的方法，远远不能适应需要。

当时有一个叫仓颉的人，非常能干，曾发誓要解决这一难题，使人们摆脱没有文字的痛苦。当然，当时的他还不知道“文字”是何物，也不知道他后来创造的这种由线条组成的图案被称为“文字”。[2]他只是想创造一种简单易行的表现形式，来记录、表达生活中的事物、情感。

❷心理描写

从仓颉的心理活动可以看出，他非常善于思考，并且十分有前瞻性。

为实现这一梦想，仓颉整日冥思苦想，可是仍然苦无良策。后来他辞官回到家乡白水县，独自住在史官乡一个偏僻的山沟。有一年，他到南方游历，登上一座阳虚之山(现陕西省洛南县)，临于玄扈洛邙之水，忽然看见一只背上有许多青色花纹的大龟。仓颉看了觉得稀奇，就取来细细研究。他看来看去，发现龟背上的花纹竟是有意义可通的。他想，花纹既能表示意义，如果定下一个规则，岂不是人人都可用来传达心意、记载事情了？第二天，他又通过路边的“羊马蹄印”启发了灵感。在那之后，仓颉走遍了高山大川，看尽了天上星宿的分布情况、地上山川脉络的样子、鸟兽虫鱼的痕迹、草木器具的形状。他通过描摹绘写世间万物，造出种种不同的符号，并且定下了每个符号所代表的意义。他按自己的心意用符号拼凑成几段，拿给人看，经过他的一番解说，别人竟然能看明白了。[3]仓颉于是将这种符号叫作

❸解释说明

对“字”的由来进行解释说明，也再次说明了仓颉是一个非常有毅力、有能力的人。

“字”,文字从此登上了中国历史的舞台。

文字发明以后,人类社会便进入了文明时代,人类的技术可以传承了,交流更顺畅了,社会上的暴力事件急剧下降,也更加和谐了。

对于华夏文明而言,仓颉的贡献堪比开天辟地,连居住在九天之上的玉帝也深受感动,他决定重重地奖赏仓颉。可玉帝思来想去,还是不知道应该怎么奖励仓颉,最后想了好久,决定奖励仓颉一尊黄金铸造的人像。

读书笔记

就在这天晚上,正在睡梦中的仓颉,忽然听到有人喊他要给他奖励。仓颉恍恍惚惚地睁开眼,眼睛却又被满屋子金光闪烁晃花了。他一下子就清醒了,一骨碌坐起身来四下张望。这一看不要紧,他在墙角发现了一尊金人。仓颉在心里嘀咕道:这是哪儿来的金人?莫非是在做梦?正想着,东邻西舍传来了公鸡啼叫声,不一会儿,天亮了,再看那个金人仍然稳稳当当地立在地上。他回想起梦里的情景,明白了这金人是天上神仙给自己的奖品。于是,①他朝空拜了三拜算是对神灵的感谢。但转念又一想,自己只做了应该做的事,不配受这样的奖励。所以,仓颉并不打算收下这尊金人。

①行为、心理描写　从仓颉的行为和心理活动可以看出他谦虚磊落,认为自己做的事情并没有这么伟大。

天大亮的时候,仓颉将村里的小伙子全都叫到家里,他们一起连抬带推地把金人送到了黄帝宫中。黄帝问起金人的来历,仓颉只说是偶然捡到的,并说这是天下之物,理应为天下人共用,自己不敢占为私有,所以特来敬献。黄帝深知他的人格高尚,便也没说什么,笑着收受了。然而,就在四五天后,正当黄帝和群臣观赏金人时,突然飞来一道霞光,金人不见了。

那天晚上,正在酣睡中的仓颉再次在梦中听到有人跟他说道:“你不要金人,那你究竟想要什么?”在梦中,仓颉回应他说:②“钱财对我来说根本不值一提,我想要的是老百姓五谷丰登,天下的人都能吃上饱饭。”那人沉吟了一会儿

②语言描写　仓颉的话揭示了他不贪财、不爱慕虚荣的性格特征。

回应道："那好吧，我回去将你的心愿禀报给玉帝，并让他把金人收回去，再给天下人送些谷子来。"说完那人便飘然离开了。接着仓颉就醒来了，但是他向窗外看去，只见满天繁星，知道是在做梦，也就没有多想，又呼呼地入睡了。

第二天一大早，天气非常好，蓝天白云，阳光温暖。可就在仓颉刚要出门时，却看见天上落下了谷粒。①那谷粒下得比雨天的雨滴还要稠密，而且足足下了一个时辰，在地上积聚起了一尺多厚。仓颉既奇怪又高兴，急忙跑出门去，只见那谷粒铺遍了每一个村子、每一座山峰、每一片河谷……惊异的老百姓回过神来，纷纷高兴地往家里收谷粒。

❶场面描写 从此时壮观的场面可以看出玉帝答应了仓颉的要求，这真的是"上苍给的最好的礼物了"。

眼见这样的景象，仓颉马上明白了，这和昨晚的梦有关。这是玉帝答应了自己的要求，给予老百姓的帮助。他急忙去向黄帝报告。黄帝听了仓颉的一番汇报，也深感仓颉的功劳是应该大力表彰的。为此，他把玉帝奖励仓颉降下谷子雨的这天，定为一个节日，即谷雨节。同时，黄帝还命令每年到了这一天，天下的人都要欢歌起舞，以此感谢上天对人间的恩泽。从此，谷雨节便一直延续了下来。

读书笔记

时至今日，祭祀仓颉的仓颉庙每年都会举行传统庙会，每次会期七至十天。年复一年，成千上万的人们从四面八方来到仓颉庙，举行热烈地迎仓颉进庙仪式和盛大庄严的祭奠仪式，以缅怀和祭祀文字始祖仓颉。

与此同时，十分契合华夏大地农事时令的谷雨节，也在历史的长河中演变成为二十四节气之一，流传了下来。

雄鸡治蝎

②很早就流传在民间的雄鸡治蝎的说法也非常有趣。吴承恩在中国家喻户晓的神魔小说《西游记》中写道：

❷设置悬念 雄鸡是如何治蝎呢？开篇引起读者的好奇心。

注释
家喻户晓：每家每户都知道。

唐僧师徒西天取经，途中在毒敌山琵琶洞被蝎子精困住，那妖怪异想天开，想与唐僧结为夫妻。孙悟空、猪八戒敌不过蝎子精，观音也自知近他不得，只好让孙悟空去请昴日星官，结果马到成功，昴日星官慷慨答应下界降妖。

书中描写，昴日星官本是一只双冠子大公鸡。当他来到毒敌山现出本相——大公鸡，对着蝎子精叫一声，蝎子精即时现了原形，是个琵琶大小的蝎子。大公鸡再叫一声，蝎子精浑身酥软，死在了山坡上。

[1]清乾隆六年《夏津县志》中也有记载："谷雨，朱砂书符禁蝎。"这就说明了山东也有禁蝎习俗。

❶叙述说明　从这里的叙述可以知道，禁蝎的这一行为并非空穴来风，而是有文字记载的。

精华赏析

本章作者主要讲述了谷雨这一节气，引经据典，使得文章内容非常丰富，特别是在描写仓颉的故事时，语言生动细腻，让人读来有种身临其境的感觉。仓颉在拒绝玉帝的金人时的质朴和真诚，更是值得我们每一个人学习。

延伸思考

1. 简要概述仓颉的性格特征。
2. 为什么仓颉不愿意收下金人？

相关评价

本章主要讲述了春天的最后一个节气——谷雨。首先，讲述了谷雨的大概时间和意义，其次，讲述了人们在这个阶段的所作所为，文章结构完整、内容丰富、脉络清晰，非常具有可读性。

立　夏

名师导读

立夏表示告别春天，是夏天的开始。春生、夏长、秋收、冬藏，时至立夏，万物繁茂。

一、什么是立夏？

中国农历二十四节气中的第七个节气是立夏，也是夏季的第一个节气，标志着夏天开始了。“斗指东南，维为立夏”。到了这个时候一切生物都已长大，所以就称立夏。“立夏”的“夏”就是“大”的意思。“定气法”以太阳到达黄经45°时为立夏节气。

①古代君主会在立夏这一天率领着满朝官员来到京都郊外举行迎夏仪式，祈祷将来取得好收成。在仪式上，不分君王臣子，大家全都穿上朱红色的礼服，佩戴上朱红色的玉佩，甚至连马鞍，还有插在车上的旗帜也都是朱红色的。

立夏表示开始进入夏天，告别春天。崔骃在赋里说：“迎夏之首，末春之垂。”吴藕汀《立夏》诗也说：“无可奈何春去也，且将樱笋饯春归。”②温暖美好的春天离开了，人们难免生出些惜春的忧伤情感。于是在江浙一带，大家准备好欢送的酒食，就像要与远行的人送别，所以也名为饯春。

在《月令七十二候集解》中记载：“立夏，四月节。立字解见春。夏，假也。物至此时皆假大也。”立夏温度明显升高，酷热的夏天就要来到了。这时候雷雨也增多了，各种粮食、经济作物都进入了快速生长的阶段。

❶行为描写

对古代君王在立夏时节的祈福活动进行叙述，可以看出这个节气也是非常重要的。

❷对比

以江浙一带人们送别春天和君王们迎接夏天的行为形成对比，丰富文章内容，使得文章更具可读性。

"立夏三天遍地锄"。这个农谚说的是,此时田地里的杂草生长得很快,"一天不锄草,三天锄不了。"在这个时节锄草,不仅可以减轻干旱,防止内涝,还可以提高地面的温度,使土壤养分得到加速分解,对各种农作物苗期健壮生长具有十分重要的意义。

❶**叙述说明**

对于立夏的温度情况和自然情况进行概述,立夏并不意味着夏天全面来临,而是局部地区温度已上升。

[①]一般都认为立夏时节升温明显,雨量增加,暑天即将到来,世间万物都繁盛起来。实际上,若按气候学的标准,日平均气温稳定达到22℃以上为夏季开始,"立夏"前后,我国只有福州到南岭一线以南地区是真正的"绿树浓荫夏日长,楼台倒影入池塘"的夏季,而东北和西北的部分地区这时则刚刚进入春季,全国大部分地区平均气温在18到20℃上下,正是"百般红紫斗芳菲"的仲春和暮春季节。

二、立夏的习俗

农谚说得好:"立夏不下,犁耙高挂。""立夏无雨,碓头无米。"立夏后,夏收作物开始进入生长后期,这时节雨水来临的迟早和雨量的多少,紧密关系着日后收成的盈亏。农谚又有"立夏看夏"一说,这时候的冬小麦扬花灌浆,油菜接近成熟,夏收作物的情况已经基本定局,而水稻栽插以及其他春播作物的管理也进入了大忙季节。[②]所以,立夏节气在我国古代一直是备受重视的节气。立夏时节也有不少习俗,下面为大家介绍一下。

❷**承上启下**

本句在文中起着承上启下的作用。立夏时节有什么不同的习俗呢?让我们接着往下看。

1.立夏日称人

在立夏那天,吃完午饭后,人们便在村口或场院里挂起一杆秤钩悬挂一条凳子的大木秤,全村的男女老少都轮流坐到凳子上面称一称。司秤的人一面打秤花,一面讲着吉利话。比如称到老人了要说"秤花八十七,活到九十一";称到姑娘了要说"一百零五斤,员外人家找上门。勿肯勿肯偏勿肯,状元公子有缘分";称到小孩子则说"秤花一打二十三，小官人长大会出山。七品县官勿犯难，三公九卿也好攀”。打秤花只能里打出（即从小数打到大数），不能外打里。[1]意即身体只能加重，不能减轻。如果斤数尾数刚好逢9，必须多虚报一斤，因为9是尽头数，不吉利。这就是立夏称人体重的习俗。

清顾禄《清嘉录》记载："秤人"条称："家户以大秤权人轻重，至立秋日又称之，以验夏中之肥瘠。"清吴曼云《江乡节物词》小序中有这样的说法："杭俗，立夏日，悬大秤，男妇皆称之，以试一年肥瘠。"

2.斗蛋

"立夏蛋，满街甩"。立夏日最著名的游戏就是斗蛋了。斗蛋通常是小孩子们的游戏。立夏那天孩子们三五成群，进行斗蛋游戏。斗蛋要用熟鸡蛋，一般是用白水带壳煮好的囫囵蛋（鸡蛋带壳清煮，不能破损），用冷水浸上数分钟之后，装在用彩色丝线或绒线编织好的网袋里，挂于孩子颈上。[2]斗蛋的规则挺简单，说白了就是"比比谁的蛋壳硬"：大家各自手持鸡蛋，尖者为头，圆者为尾，蛋头撞蛋头，蛋尾击蛋尾，一个一个斗过去，斗破壳的认输，然后把蛋吃掉。而最后那个斗不破的被称为"蛋王"。

为什么要斗蛋，民间的说法是："立夏胸挂蛋，小人疰夏难。"当夏天来临后，因暑热袭人，有些老幼体弱的人，很容易出现食欲不振、乏力倦怠、心烦气虚之类的症状，这些症状在中医里被称为"疰夏"。而鸡蛋作为一种简单易得的营养品提前进补，用来为预防"疰夏"是个非常好的选择。再配上小孩子们爱玩儿的心性，将吃与玩儿结合在一起，那就更能吸引孩子们了。

❶叙述说明

本句在文中起着总结前文的作用，对立夏日称人体重这一习俗进行了简单的总结概括。

❷解释说明

对"斗蛋"游戏的规则进行详细说明，使得读者对其有全面的了解，丰富文章内容。

三、相关故事

立夏称人

❶设置悬念

本句在文中起着引领全文的作用，为什么立夏称人体重与刘禅有关系呢？引起读者的阅读兴趣。

[1]关于称人的由来，在民间有非常多的版本。虽然故事版本很多，甚至与史实有异，但大多源于三国，与刘禅有关。

传说一

据说在三国时期，阿斗（刘禅的小名）一时由刘备带着。但是刘备要出兵征战，带着个孩子很不方便，于是他就命令大将赵子龙护送阿斗到吴国，让孙夫人来抚养他。

大将赵子龙正是在立夏那天来到了吴国。当他将还在襁褓中白白胖胖的小阿斗交给孙夫人时，孙夫人非常高兴。她抱着柔软可爱的小阿斗心里十分欢喜。[2]可是转念一想，毕竟阿斗不是她亲生的，万一有什么差池，到时候见到君王时如何交代，而且若是在朝廷里也会有人说后母虐待阿斗，这样的话就得不偿失了。

❷心理描写

从孙夫人的心理活动可以看出，她非常的聪明，也从侧面反映了刘禅地位的尊贵。

孙夫人思前想后，突然记起今天正是立夏，于是她命人找来一杆秤，将阿斗在赵子龙面前称了称，并告诉赵子龙说："等明年立夏那天，再将阿斗称一下，就知道孩子生活得好不好了。"

从那以后，阿斗得以孙夫人精心照料，一天比一天强壮结实。而且来年立夏那天，孙夫人又给他称了称体重，并且给刘备写信，告诉他孩子的重量，以及没有辜负他的信任，将阿斗抚养得非常好。

传说二

相传在三国时，诸葛亮七擒孟获，最后终于收服了他，让其归顺蜀国。从此之后，孟获十分敬重诸葛亮，并对他的话言听计从。诸葛亮临终嘱托孟获，每年要来看望蜀主阿斗一次。

诸葛亮托付之日，正值立夏，孟获听了后立即去拜望阿斗。

于是，以后的每年立夏这天，孟获都依照承诺到蜀国拜望阿斗。

公元263年，蜀国被司马炎，也就是后来的晋武帝灭掉了。司马炎将阿斗带到洛阳，放到身边看管起来，防止阿斗图谋复国。[1]而孟获不忘当年丞相诸葛亮的嘱托，在每年立夏这天依然带兵去洛阳看阿斗，而且每次去时都要称一下阿斗的体重，来验证司马炎是否亏待他。而且孟获扬言，若是司马炎敢虐待阿斗，他就起兵造反，再不拥戴晋国。

司马炎为了安抚孟获，很是善待阿斗，并在每年立夏这天，用糯米加豌豆煮成中饭给阿斗吃。阿斗非常喜欢吃又糯又香的豌豆糯米饭，每次都吃得很多。于是当孟获前来称他的体重时，一向都是比上年又重了好几斤。

[2]阿斗虽然没有什么本领，但有孟获立夏称人之举，晋武帝也不敢欺侮他，日子过得也算清静安乐，福寿双全。

虽然这些传说演绎，与历史有很大的出入，但普通百姓的愿望是“福寿双全，安乐清静”的太平世界。传说中立夏称人会给刘阿斗带来福气，所以，人们也祈求上苍能给他们带来好运。故立夏称人也是祈求健康长寿。

传说三

还有一个就是和朱元璋相关的故事了。且说元朝末年，民不聊生，朱元璋和许多人一样揭竿而起，但不幸的是，在一次战斗中他手下的一员大将常遇春被元军俘虏了。朱元璋得知这一消息后，心急如焚，后来经过多方打探，终于得知常遇春被关进了监牢。为了保住常遇春的性命，朱元璋一面叫人去买通元军的将领，一面通过朋友贿赂常遇春所在大牢的牢头，希望对方可以好生对待常遇春，不要让他

❶**行为描写**

从孟获此处的做法可以看出他非常的可靠，不顾自己的生命安危也要遵守和诸葛亮的约定。

❷**叙述说明**

孟获不仅遵守了和诸葛亮的约定，也从侧面保全了阿斗的生活。

读书笔记

注释

心急如焚：意思是心里急得像火烧一样。形容非常着急。

遭罪。

关押常遇春的牢头，看出元朝气数已尽，早已怀有二心，正想着巴结朱元璋，于是欣然同意。不过，如何才能名言正顺地让常遇春少受罪，并且让朱元璋知道爱将在牢中受到优待呢？如果弄巧成拙，说不定就会性命不保。这让牢头犯了难，一连好几天都愁眉不展。

❶语言描写

牢头的妻子能想出什么好办法呢？引起读者的阅读兴趣。

牢头的妻子看到丈夫一连几天都闷闷不乐，心事重重，就追问缘由。[①]于是，牢头一五一十地告诉了她。妻子一听，不仅不见愁容，反而哈哈大笑起来。她说："这有什么难的？我有一个好办法，就是你可以先称一下这个常遇春，看他到底有多重，然后再好酒好肉地招待他，只要他瘦不下来，那不就说明他在牢里没有遭什么罪吗？"

听了妻子的话，牢头高兴地一拍大腿："这真是个好办法！"他立即站起身跑出家门，马不停蹄地赶到了牢房，给常遇春称了体重。说来也巧，这天正好是立夏日。打这天以后，牢头每天都好酒好菜地招待常遇春，生怕他瘦下来。

一年很快地过去了，朱元璋终于率军攻克了关押常遇春的这座城池，顺利地从牢中救出了常遇春。为了表功，牢头就当着朱元璋的面，叫人再次称了一下常遇春的体重，常遇春不仅没有瘦，反而比去年进牢的时候重了足足十斤。无巧不成书，这一天也是立夏日。

❷叙述说明

文章的最后一段总结了前文的内容，说明了立夏日称人体重的由来，照应开头，使得文章结构更加完整。

[②]明白了事情原委的朱元璋不禁大喜。他笑着说："好啊，好啊，立夏日，称人，称人。"从那以后，这个立夏称人体重的习俗就在华夏大地流传开了。

精华赏析

本章主要讲述了立夏时节的故事。从作者的叙述中可以看出，这是夏天的第一个节气，古往今来，人们都对其十分重视。通过“立夏称人”这一习俗典故，更是让读者对古代人民的生活习俗有了更深入的了解。

延伸思考

1.为什么刘备要把阿斗交给孙夫人？
2.孟获为什么要立夏日去称阿斗？
3.简要概述孟获的性格特征。

相关评价

作者用简练的语言讲述了关于立夏这一节气的故事。首先，讲述了立夏时间和重要意义，可以看出古往今来的人们对其都十分重视。其次，通过典型的风俗来加深读者对立夏这一节气的理解。文章结构完整，内容丰富，非常不错。

小 满

名师导读

小满，二十四节气之一，是夏季的第二个节气。小满节气期间，暖湿气流活跃，雨水开始增多，往往会出现持续大范围的强降水，江河渐满。

一、什么是小满？

我国农历二十四节气中的第八个节气是小满，是夏季第二个节气，太阳到达黄经 60°，日期在每年公历 5 月 20日到 22 日之间。

①小满节气期间，在我国江南一带江河湖水一定是满满的，若是出现了不满的情况则必然是干旱少雨的灾年。“小满不满，无水洗碗”，“小满不下，犁耙高挂”。这里的“满”字，是雨水多的意思。一般来说，如果此时北方冷空气可以深入到我国较南的地区，南方暖湿气流也强盛的话，那么，就很容易在华南一带造成暴雨或特大暴雨。因此，小满节气的后期往往是这些地区防汛的紧张阶段。

❶叙述说明

小满和雨水、谷雨、小雪、大雪等一样，都是直接反映降水的节气。小满反映了降雨量大的气候特征。

民谚有“小满不下，黄梅偏少”“小满无雨，芒种无水”等说法，说的是长江中下游地区，如果小满时节雨水偏少，可能是太平洋上的副热带高压势力较弱，位置偏南，意味着到了黄梅时节，降水可能就会偏少。

小满节气时，在黄河中下游等地区的小麦刚刚进入初熟阶段，而这时极容易遭受干热风的侵害，从而导致小麦灌浆不足、籽粒干瘪而减产。所以要积极采取营造防护林带、喷洒化学药物等有效措施，预防干热风造成的危害。

读书笔记

我国大部分地区在小满时节已经进入夏季。但是在气温升高的同时，雨水也逐渐增多，而一般在雨后，气温又会急剧下降。因此，要注意增减衣服，以防着凉感冒。

二、小满的习俗

①小满节气时，夏收作物接近成熟，春播作物生长旺盛，秋收作物播种在即。华夏大地的农事活动即将进入大忙季节。小满时节也有不少习俗，下面为大家介绍一下。

❶叙述说明

对小满时节的农作物生长情况进行概述，可以看出这个节气带来的是忙碌。

1.食苦菜

《周书》里记载：“小满之日苦菜秀。”小满这一天，苦菜这种植物长得十分繁盛，新鲜爽嫩，于是很多人喜欢采摘回家吃。

②苦菜为草本植物，药名叫败酱草，异名女郎花、鹿肠马草，别名天香菜、荼苦荬、甘马菜、老鹳菜、无香菜等，不同的地方，叫法也不相同。之所以称其苦菜，是因它口感甘中略带苦，是国人最早食用的野菜之一。

❷解释说明

对苦菜这一草本植物的名字进行解释，丰富文章内容，拓宽读者的阅读知识面。

《本草纲目》载：(苦菜)久服，安心益气，轻身、耐老。苦菜有抗菌、解热、消炎、明目等作用，所以，很多人吃苦菜。苦菜的吃法不是很多，可以凉拌着吃，也可以炒着吃。

2.祭车神

③小满在历史上有一个习俗叫祭三车。哪三车呢？水车、牛车和丝车。

❸设问

本句通过一个设问句来引出下文对“祭三车”的解释。

管这水车的车神叫什么呢？传说“车神”为白龙，农家在车水前于车基上置鱼肉、香烛等祭拜之，特殊之处为祭品中有白水一杯，祭时泼入田中，有祝水源涌旺之意。以上旧俗表明了农民对水利排灌的重视。

3.蚕神诞辰

小满节相传为蚕神诞辰，所以在这一天，我国以养蚕著称的江浙一带也很热闹。小满节时值初夏，蚕茧结成，正待采摘缫丝。栽桑养蚕是江南农村的传统副业，家蚕全身是宝，是乡民的家食之源，人们对它充满感激之情。于是，这个节日便充满着浓郁的丝绸民俗风情。

三、相关故事

蚕神的由来

中华文明是以“男耕女织”为特色的农耕文明，而“女织”的原料以蚕丝为主。蚕丝，需靠养蚕、结茧、抽丝而得。在我国南方养蚕极为兴盛，尤其是江浙一带。

①在古时，娇贵的蚕是非常难养活的，因此被人们奉为“天物”。所以为了祈求这个“天物”茁壮成长，有个好收成，人们每年都会在四月放蚕时节举行祈蚕仪式，对蚕神进行祭拜。而蚕神的由来，还有一个非常有趣的传说。

❶叙述说明

从这里的描述可以看出，蚕是非常娇贵的。但是，它又是人们赖以生存的物品之一。人们究竟会如何供养它们呢？让我们接着往下看。

话说在上古时期，有一户人家，家里只有父女两人相依为命。女儿生得娇俏可人，而且聪明伶俐。此外呢，家里还有一匹健壮的白马。白马日行千里，是一匹不可多得的良驹。因为它通晓人性，懂得人的语言，被大家称为“神马”。

一天，父亲有事要出远门。临出门的时候，父亲嘱咐女儿，一定要精心喂养那匹马。②父亲走后，女儿一个人在家十分无聊，于是就经常跟白马说话。白马虽然不能言语，但能通过点头或甩尾来回应姑娘。

❷行为描写

从女孩的行为可以看出，她非常听父亲的话，并且是个十分善良的姑娘，这也为后文故事情节的发展埋下伏笔。

日子就这样一天天地过去了。姑娘感到很寂寞，也十分想念她的父亲。有一天，思父心切的女儿跟白马开玩笑说：“马儿啊，马儿！如果你能接回我的父亲，我就嫁给你做妻子！”

白马听到这话，先是一跳，接着用力挣断缰绳，冲出马棚，向门外飞驰而去。不知跑了多少天，白马来到姑娘父亲住的地方。父亲看到家里的白马出现在自己面前，十分惊诧。白马冲着来时的方向，嘶鸣不已。父亲以为家里发生了什么变故，便立即翻身上马，扬鞭直奔家中。

父亲回到家，女儿告诉他，家里并没有发生什么变故，只是她太过想念父亲，所以白马才前去将他接回家。本来，父亲就很疼爱这匹马，现在听了女儿这番话，越发喜欢自家的马了。他拿来上等的饲料喂它，可是白马只是盯着丰美的食物，不肯吃，性情也不好。但是，它一见小姑娘走过来，便又呈现出另外一种模样，引颈长嘶，愤恨难平。父亲看到这番情景，心里觉得很奇怪，便问女儿："你告诉我，咱家的马为什么一见你就大跳大叫呢？"内心惴惴不安的女儿只好原原本本地把那天和白马开玩笑的话讲给父亲听，父亲听罢狠狠地把女儿痛斥一顿，并且不许她走出院子大门。

①尽管父亲很喜欢这匹马，但无论如何也不能把自己的女儿嫁给它。于是为了避免这匹马长期作怪，父亲便用埋伏的弓箭把马射死在马棚里，然后剥下它的皮，晾晒在院子里。

❶行为描写

父亲不能把女儿嫁给白马，所以只能把它射死，但是没有想到却酿成了大祸。

女儿为此郁郁寡欢了许久。有一天，父亲外出，小姑娘伤心地摸着马皮喃喃自语："真是对不起，是我害了你！"她的话音刚落，那马皮忽然从地上跳跃起来，包裹起小姑娘的身躯朝门外跑去，他们在空中转了几圈之后，便消失在茫茫的原野上。等父亲回来时，女儿和那张马皮早已不知所终。

父亲到处寻找女儿，找啊找啊，他终于在家的西南方向，一个人烟稀少、长满野桑树的山坡上的一棵大树的枝叶间发现了自己的女儿。不过，可怜的女儿此时已失去了自己的原形，变成了一只有着马头形状，趴在树上每日以桑叶为食的蚕。

后来，每当姑娘思念家乡、思念父亲的时候，就会吐出长长的丝线，并把丝缠绕在树枝上，以寄托自己悠长的思念。

又过了很久，天帝感念她吐丝结茧，造福蚕农，于是就封她为"蚕神"。

再往后，黄帝打败蚩尤，蚕神来向黄帝奉献她所吐的

读书笔记

丝，以庆贺战争的胜利。黄帝见到这美丽而稀罕的东西，称赞不已：“好啊，这下，天下的老百姓又多了一种宝贝！”[1]蚕神见黄帝如此关怀天下百姓，深受感动，她毫不迟疑地拉拢马皮，变成一条蚕，嘴里吐出黄、白两种丝来。这时，黄帝也很受感动，他立即派人把蚕送给嫘祖。嫘祖是女性当中最尊贵的天后娘娘，既贤惠，又善良。她听说这件事后，亲手把蚕放到桑树上，每天精心看管养育。

嫘祖开始养蚕后，人民也纷纷仿效，蚕儿越来越多，嫘祖与妇女们不断地用蚕丝织出又轻又软、如行云流水一样的绢子。这样一来，采桑、养蚕、织布这诗歌般美丽欢快的劳动，就成为中国古代妇女们的专业。

[2]如今，民间每逢蚕事忙碌的小满时节，都要举行祭蚕神等活动。

❶行为描写　蚕神看到黄帝如此亲民爱民，非常感动，便尽自己的所能为百姓谋福利。

❷叙述说明　本段起到了概括全文的作用，使得文章结构更加完整。

为什么没有“大满”？

二十四节气里很多都是成对出现的，比如，有小暑就有大暑，有小雪就有大雪，有小寒也有大寒。[3]那么，为什么有了小满，却没有大满？大满究竟到哪里去了呢？若是解释这个问题，还得从小满这个节气名称的来历说起。

❸疑问　连续两个问句，引出下文没有“大满”的原因，引起读者的阅读兴趣。

有一种说法是与农作物的生长状况有关。“小满，四月中，谓麦之气至此方小满，因未熟也”，也就是说麦子的颗粒到这个时候开始变得饱满，但还没有完全长成，所以叫小满。

第二种说法是，“小满”名称的来历和降水有关。谚语有“小满大满江河满”的说法，也就是说，过了小满，就开始频繁降起雨来。特别是在我国偏南方的地方，经常是暴雨连连，甚至有时候会造成洪涝灾害。

以上这两种说法讲的是有关小满节气名称来历的。

小满之后的节气是芒种，为什么不是大满呢？这里面古人也有很多猜测。例如，宋代马永卿在《懒真子》里就说过："二十四气其名皆可解，独小满、芒种说者不一。"[1]后来有人通过各方查找资料，得出了答案：之所以用芒种取代"大满"，主要是和中国古人传统的儒道观念有关系。

❶叙述说明

对没有"大满"这一节气的原因进行多方面的解释，使得文章内容更加丰富，拓宽读者的阅读面。

明代郎瑛在《七修类稿》里说道："夫寒暑以时令言，雪水以天地言，此以'芒种'易'大满'者，因时物兼人事以立义也。"意思就是：用芒种代替大满，是物候时令和做人的道理结合的产物。大家都知道，在《尚书》里有"满招损，谦受益"的说法，传统思想理念认为，太过于极致的圆满是非常不可取的，原因是"反者，道之动也"，物极必反，月盈必亏，说的就是这个道理。因此，大满这个说法不太合适。于是，就叫"芒种"吧。

精华赏析

本章主要讲述了与小满这一节气有关的故事，通过对风俗、习俗的讲述，让读者更深入地了解了小满在二十四节气中的重要地位。特别是在讲述蚕神和小满的故事时，作者语言生动细腻，情感丰富，让人不禁为蚕女的故事感动不已。

延伸思考

1.姑娘是否喜欢白马？

2.简要概述为什么没有大满？

相关评价

作者主要讲述了小满这一节气背后的故事。首先，对其准确的时间以及带来的天气现象进行概述；随后，通过一两个典型的风俗例子加深读者对它的了解。这样使得文章结构完整，内容丰富，非常具有吸引力。

芒　种

名师导读

芒种，又名“忙种”，是二十四节气之第九个节气。从它的名字也可以看出，这个节气代表着丰收，代表着忙碌。

一、什么是芒种？

中国农历二十四节气中的第九个节气是芒种。所属季节：夏季。北斗星斗柄指向巳位（正南偏东），太阳到达黄经75°，于每年公历6月5日至7日交节。气候特点：雨量充沛，气温显著升高。①芒种后，我国华南地区东南季风雨带稳定，是一年中降水量最多的时节；长江中下游地区先后进入梅雨季节，雨日多、雨量大、日照少，有时还伴有低温；西南地区从6月份也开始进入了一年中的多雨季节。

❶叙述说明　对芒种这一节气带来的天气变化进行概述，可以看出这个节气雨水较多。

芒种时节虽然属于夏季，但由于冷空气影响，气温仍很不稳定。在此期间东北地区有时会出现4℃以下的低温，华北地区出现10℃左右的低温，即使是长江下游地区，也曾出现过12℃以下的低温。因此，在芒种时节御寒的衣服不要过早地收藏起来，必要时还要穿着，以免受凉。

②对中国大部分地区来说，芒种时节，夏天已成熟的农作物就要收获了，而秋收作物也要播种下地，春种的庄稼要管理，这真是一年中最忙的季节。

❷叙述说明　对芒种时农作物收获与种植的介绍，说明这个节气是一年中最忙的时候。

芒种时节，小麦成熟期短，收获的时间性强。“收麦如救火，龙口把粮夺”，天气的变化对小麦最终产量的影响极大。所以，要抓紧一切有利时机，抢割、抢运、抢脱粒。整个麦时季节充满了紧张气氛。而夏季播种的农作物，播种期越早越好，这样就能保证到秋收前有足够的生长期。

到芒种时节，从以上农事可以看出，我国从南到北都在忙种，农忙时节已经进入高潮。

二、芒种的习俗

芒种的“芒”字，是指麦类等有芒植物的收获，芒种的“种”字，是指谷黍类作物播种的节令。“芒种”的到来，预示着农民开始了忙碌的田间生活。[①]“芒种”二字谐音，表明一切作物都在“忙种”了。所以，“芒种”也称为“忙种”，民间也称其为“忙着种”。

芒种时节也有不少习俗，下面为大家介绍一下。

1.安苗节

到了芒种这一天，将麦苗种入土地的农人们，心中对麦苗能平平安安地长大充满着希望，并企盼着等到秋天得到大丰收的回报。因此在芒种节气时，全国很多农产业区都有“安苗”的习俗，祈求农作物幼苗茁壮成长。

因皖南地区绩溪县的习俗保存得最为生动完整，于是便成为全国各地安苗习俗的代表。[②]并且，绩溪县的安苗习俗因为相对完整的仪程和较高的知名度，绩溪芒种安苗礼俗被冠以“安苗节”的名字，也入选了安徽省的非物质文化遗产名录。

一种被称作“安苗包”的面点是绩溪安苗节的代表饮食，这是一种类似汤圆的子孙馃，圆溜溜的一大一小，非常讨人喜爱。另外，还有根据包进的馅不同，又分为肉包、水晶包、豆腐包、豆沙包，等等。在安苗节这一天，人们不仅将安苗包作为祭祀的祭品，而且邻居们还会相互赠送，用来表示对来年顺风顺水、五谷丰登的祝福。

2.送花神

农历二月二花朝节上迎花神，芒种已近5月间，百花开

❶ 解释说明

作者在这里解释了“芒种”的另外一个名字，这个名字与天气变化和农事繁忙有很大的关系。

❷ 叙述说明

从这一叙述可以看出，国家对于这些习俗的重视程度越来越高，我们一定要保护这些非物质文化遗产。

始凋残、零落，民间多在芒种日举行祭祀花神仪式，饯送花神归位，同时表达对花神的感激之情，盼望来年再次相会。①有的将五颜六色的丝绸带挂在花枝上，也有的将落地的花瓣重新贴在树体上，意味着永不凋谢。

❶行为描写

人们对于送花神这一风俗十分重视，这也饱含了百姓对于风调雨顺的期望。

3.打泥巴仗

贵州东南部一带的侗族青年男女，每年芒种前后都要举办打泥巴仗节。当天，新婚夫妇由要好的男女青年陪同，集体插秧，边插秧边打闹，互扔泥巴。活动结束，检查战果，身上泥巴最多的，就是最受欢迎的人。

4.晒虾皮

在芒种时节，沿海一带的渔民忙于晒毛虾。因为到了这个时候，毛虾正值产卵期，体质正肥，肉质正实，营养价值更好。人们将芒种期间晒成的虾皮称之为“芒种皮”。②虾皮分生晒虾皮和熟晒虾皮两种。生晒虾皮指淡晒成品，其鲜度较高，不容易返潮和霉变；熟晒虾皮指加盐煮沸，沥干晒燥，虽然保持鲜味，但是，其口感略逊于生晒虾皮。

❷解释说明

对于晒虾皮的情况进行概述，丰富文章内容，拓宽读者的阅读知识面，一举两得。

5.煮梅

南京有“煮青梅”习俗，溧水区百姓至今习惯于在芒种节气里泡青梅酒。在南方，每年五、六月是梅子成熟的季节，梅子采摘了放在家里阴干，芒种这天将清洗过的梅子泡在白酒里，白酒一般选55°的，以10斤白酒放3斤梅子、两斤冰糖为比例，青梅泡酒过程为一个月。③这个民俗与三国时典故“青梅煮酒论英雄”颇有渊源。

❸承上启下

本句在文中起着承上启下的作用，引起读者的阅读兴趣，使得文章结构丰富、完整。

青梅含有多种天然优质有机酸和丰富的矿物质，具有净血、整肠、降血脂、消除疲劳、美容、调节酸碱平衡，增强人体免疫力等独特营养保健功能。但是，新鲜梅子大多味道酸涩，难以直接入口，需加工后方可食用。这种加工过程便是煮梅。

三、相关故事

芒种和荞麦的故事

相传很久以前，在太行山深处的一个村子里，住着一对相依为命的母子，儿子叫芒种，二十岁了还没有娶妻，母亲老得头发都白了，也不能干重活。①芒种很孝顺，又勤劳，一个人辛苦操持，挑起了生活的重担。冬日里，芒种的母亲想吃鲜鱼，当时正是寒冬腊月天气，他却常常不畏严寒将冰凌砸开，打捞鲜鱼让母亲吃。

①行为描写

对芒种的行为进行刻画，可以看出他非常的孝顺，同时也很吃苦耐劳。

离芒种家不远的山神庙下住着一位父母双亡的姑娘荞麦，她相貌十分出众，而且聪明伶俐、心灵手巧。荞麦姑娘经常到池塘边洗衣担水，看到芒种在严冬为母亲捞鱼，被他这种孝顺母亲的行为所感动，就经常借故和芒种接触，慢慢地他们相爱了，最终“有情人终成眷属”，芒种和荞麦结为夫妻，幸福地生活在一起。

芒种和荞麦生活的地方土地十分贫瘠，每年不到三伏不落透雨，历来五谷难有好收成。②话说这年，他们的家乡再遇大旱，秋后地净场光，家里只收了点蔬菜，这怎么能熬过漫长的隆冬岁月啊！无奈之下，他只好将心爱的小马驹牵到集镇上卖掉，好换些粮食以备过冬。妻子给芒种换上可体的新衣、新鞋，打整一番，临走时又嘱咐，可千万早些还家。

②叙述说明

年景不好，导致日子一天比一天艰难，芒种和荞麦能否顺利度过呢？让我们接着往下看吧。

当芒种牵小马驹的缰绳时，小马驹眼角滚出了泪珠。芒种心里很难过，但为了生活，有什么办法呢。

直到掌灯时分，芒种才赶集回来了。妻子连忙给他盛来了热腾腾的饭菜，母亲开口急忙询问小马驹卖了多少钱。憨厚的芒种说：“人家买马驹的老板给我留下了他的姓名和地名，等几天再付钱。”

接着他就叙述老板的地址和名字:“我叫东北风,来自冰凌宫,家住花木凋零寨,兄弟居官在京城。”①母亲听了皱起眉头焦急地说:“你这个傻孩子呀,附近百八十里哪儿有这个村名,这样的人名啊,你上当受骗啦。”

芒种发了愣,后悔莫及,心焦如火。聪明伶俐的妻子却猜出了其中的意思,她说:“东北风吹来阵阵寒,不就是个‘韩’字?冰凌宫是他的来路,不就是个‘露’字?这个买马驹的人就叫韩露。花木凋零寨没有花开了,这个村子就叫落花村。”

母亲听了高兴地说:“好好好,落花村就在后山,离这五十来里路,落花村有姓韩的,快快快,找他要钱去。”

芒种第二天一大早就启程,边走边逢人询问,果然找到了落花村,又找到了那个买马的老板。本来以为可以躲过这桩债的韩露,眼见芒种前来,十分惊讶。经过询问,他才知道,原来是芒种那个聪明的妻子荞麦的主意。

韩露对芒种说着甜言蜜语:“你若能领我见到你的妻子,我就付你马钱。”芒种无奈只好依了他,把韩露领回家来。

荞麦姑娘相貌确实出众,绯红的嘴唇,俊俏的脸庞。韩露见了一心要霸占荞麦姑娘。

韩露有土地百顷,钱财万贯,过着花天酒地的生活。他依仗兄弟在京城里做官,便胡作非为,强抢民女。八月初六这天,他带领十几名家丁,骑马直奔芒种家,来抢芒种的妻子荞麦。提前获知消息的荞麦,安顿好芒种和母亲,就去深山野林里避难了。

②芒种牢记妻子的嘱咐,少说话,慢开口,一切躲着韩露走。他心里想着妻子不久还会回来……

韩露来抢亲,得知荞麦姑娘已经逃走了,于是命令人马向深山密林里搜查。这天清晨漫山遍野起了茫茫大雾,四

①语言描写

从母亲的话语中可以看出,这个人的身世有蹊跷,这会给芒种带来什么样的奇遇呢?让我们接着往下看吧。

读书笔记

②设置悬念

荞麦能否平安地回来呢?设置悬念,引起读者的阅读兴趣。

注释

甜言蜜语:意思是像蜜糖一样甜的话。比喻为了讨人喜欢或哄骗人而说好听的话。

处看不到荞麦姑娘的身影。韩露心急似火，暴跳如雷，大骂老天不该起这场迷人眼目的大雾。他横冲直撞，扬鞭催马，不一会儿，马跌落在池塘里，韩露被水淹死了。

第二天，人们在一个山崖下找到了荞麦姑娘的尸体，[1]显然她是跳崖而死。她的手里还攥有一封遗书："情投意合结夫妻，恩爱美满两相依，可恨霸道心不善，逼得夫妻俩分离。待到来生再相见，银花如雪开满地。"

❶叙述说明

从荞麦的遗书中可以看出，她十分痛恨恶霸，同时也表达了她对芒种的爱。

芒种母子二人看了遗书，哭了三天三夜。芒种给妻子穿上素日里她珍爱的韵柳黄绿的布衫和紫绿色的罗裙，发髻上又扎上粉白色的花朵，厚葬了善良的荞麦。

第二年夏天，苦苦思念荞麦的芒种竟然听见有孩子喊："荞麦姑娘回来啦！荞麦姑娘回来啦！"等他跑出去的时候才发现，荞麦的坟头上长出了绿绿的茎叶，开着粉白色的花，十分好看。

读书笔记

到了秋天的时候，那植物上还结了饱满黝黑的三棱形籽粒，芒种就将那些籽粒收藏起来，命名为"荞麦"，然后等到来年荞麦祭日的时候，把它们种在地里。

从此以后，芒种节气前后播种荞麦等各种种子的习俗，也逐渐在民间传播开来。

精华赏析

本章主要讲述了与芒种节气有关的故事，语言生动细腻，感情丰富，可以看出古代老百姓对于节气十分重视。同时，从芒种和荞麦的故事中，也让读者感受到了他们爱情的纯真和质朴。

延伸思考

1.荞麦姑娘是怎么死的？

2.简要概述芒种的性格特征。

相关评价

作者主要讲述了芒种这一节气背后的故事。首先，对其准确的时间以及带来的天气现象进行概述。随后，通过一两个典型的例子,加深读者对芒种的了解。其中,芒种和荞麦的故事让人读来不禁落泪,也可以看出,古代百姓一直都是靠天吃饭,生活十分不容易。

夏　至

名师导读

夏至既是二十四节气之一，也是古时民间“四时八节”中的一个节日，自古就有在夏至拜神祭祖之俗。此外，民间还有夏至“消夏避伏”“清补”等习俗。

一、什么是夏至？

我国农历二十四节气中的第十个节气是夏至，古时又称“夏节”“夏至节”。太阳运行至黄经90°时为夏至交节点，一般在公历6月21至22日交节。夏至既是二十四节气之一，也是古时民间“四时八节”中的一个节日，自古就有在夏至拜神祭祖之俗，以祈求消灾年丰。[①]夏至，如古人所说：“日长之至，日影短至，至者，极也，故曰夏至。”这天，太阳直射地面的位置到达一年的最北端，几乎直射北回归线，北回归线自西向东穿过我国云南、广西、广东、台湾四省区，这四省区是我国境域内太阳在天空位置最当中的地区，日影最短、白天最长、黑夜最短。同时，对于北回归线及其以北的地区来说，夏至日也是一年中正午太阳高度在当地最高的一天。而此时的南半球正值隆冬。如海南的海口市这天的日长约13小时多一点，杭州市为14小时，北京约15小时，而黑龙江的漠河则可达17小时以上。在北极圈以北，这一天太阳整日都位于地平线之上，成为北半球一年中

①引用

此句引用俗语，简单明了地说明了夏至时分气候特征及天文现象的变化。

读书笔记

注释

四时：指春夏秋冬四季。

极昼范围最广的一天。

太阳在天空位置最高的一天即为夏至。其实，严格意义上，节气反映的是季节、物候、气候变化规律，而阴阳五行即属于干支范畴，阴阳的消长，是以干支为推算依据的。[1]夏至这天虽然白昼最长，太阳角度最高，但并不是一年中天气最热的时候。因为，接近地表的热量，这时还在继续积蓄，并没有达到最多的时候。俗话说"热在三伏"，真正的暑热天气，大约在公历7月中旬到8月中旬（立秋前后），我国各地的气温均为最高。夏至在中夏之位，即午位，午属阳，夏至这天阳盛无疑，但不一定是午月之中阳气最盛的一天，具体哪天阳气最盛依据干支推算。夏至是太阳的转折点，这天过后，它将走"回头路"。夏至过后，太阳直射点逐渐向南移动，北半球白昼开始逐渐变短。对于北回归线（北纬23°26'）及其以北的地区，夏至日过后，正午太阳高度也开始逐日降低。[2]夏季是北半球日照最长的季节，在北极圈会出现极昼，太阳终日不落。在7月1日到3日，地球会运动到公转轨道的最远点。

夏至以后，傍晚前后这段时间常常出现雷阵雨，这是由于地面温度较高，空气对流强烈。这种雷阵雨来得快，去得也快，而且降雨范围小，人们称之为"夏雨隔田坎"。唐代诗人刘禹锡，曾巧妙地借喻这种天气，写出"东边日出西边雨，道是无晴却有晴"的著名诗句，就是对这种天气的生动描述。诗人徐书信在《在暑雨》一诗中，也对夏日雷雨天气进行了恰如其分的描述："夏日熏风暑坐台，蛙鸣蝉噪袭尘埃。青天霹雳金锣响，冷雨如钱扑面来。"

二、夏至的习俗

[3]在古代，夏至节的隆重程度不亚于端午节。从周代开始，每逢夏至日，朝廷都要举行隆重的祭神仪式，以祈求消灾年丰。朝廷对夏至如此重视，民间也不例外。每逢夏至日，各地农民则忙着祭祀神灵，以祈求风调雨顺。夏至时节

❶解释说明

虽然夏至是夏季中非常重要的节气之一，白昼也最长，但并不是全年气温最高的一天。这增加了读者的课外阅读知识。

❷解释说明

对极昼现象进行简单解释，这是由于地球的自转和公转造成的天文现象。

❸叙述说明

从这里的叙述可以看出夏至这一节气在古代颇受重视，与如今人们对待它的态度形成对比。

也有不少习俗，下面为大家介绍一下。

1.吃夏至面

自古以来，民间就有“冬至饺子夏至面”的说法，民谚还说道：

“吃过夏至面，一天短一线。”因夏至新麦已收，古人夏至吃面有尝新之意。夏至面的做法，不是平常所吃的热汤面，而是过水面。古时候从井中打来清凉的井水，手擀面煮熟后，直接捞入盛满清凉井水的盆中，待面拔凉，捞入碗中，再浇上事先做好的调料和小菜。[①]古人炎热的夏天吃清凉的过水面，有提醒人们注意防暑降温之用意。另外，古代民间用细长的面条，比拟夏至白昼时间长。

①解释

寥寥几句话，说出了夏至吃面的意义，不仅是一种食物，更有助于节令养生。

如今，江南一带夏至吃面是很多地区的重要习俗。南方的面条品种多，如阳春面、干汤面、肉丝面、三鲜面、过桥面及麻油凉拌面等，而北方则是打卤面和炸酱面。

2.“做夏至”

过去的时候，在浙江绍兴地区，人们不分贫富，夏至那天都拜祭祖先，俗称“做夏至”，除常规供品外，特加一盘蒲丝饼。而绍兴地区的龙舟竞渡因气候原因，明、清以来多不在端午节，而在夏至，此风俗至今尚存。

读书笔记

3.吃狗肉和荔枝

岭南一带的习俗是夏至吃狗肉和荔枝。广西的钦州、玉林等地区的人也是非常喜欢在夏至吃狗肉和荔枝的。据说，夏至那天的狗肉和荔枝一起吃不热，有“冬至鱼生夏至狗”之说，故此夏至吃狗肉和荔枝的习惯延续至今。“吃了夏至狗，西风绕道走”，大意是人只要在夏至这天吃了狗肉，其身体就能在冬天抵抗冷风恶雨的入侵，少感冒，身体好。正是基于这一良好愿望，成就了“夏至狗肉”这一独特的民间饮食文化。

三、相关故事

夏至与伯劳鸟

“劳燕分飞”这个词相信大家一定听说过吧。这里的“劳”指的就是与燕子齐名的伯劳鸟。中国民俗中，伯劳鸟在上古时期就被奉为“夏至”管理者，是个非常重要的角色。

据《左传》记载，少昊位居上古五帝之一，他非常注重节令和气候的关系。传言，他曾按不同鸟儿的迁徙时间，选择了五种鸟作为历法制定、民俗研判的参照。①其中，作为百鸟之首的“凤鸟”，是掌管历法的总负责人，它还有四个下属，分别是掌管春分和秋分的“玄鸟”——燕子，掌管立春和立夏的“青鸟”，掌管立秋和立冬的“丹鸟”——锦鸡，以及掌管夏至和冬至的“伯赵”，即伯劳鸟。

❶引出下文

本句提出了凤鸟有四个下属，究竟凤鸟的四个下属是什么呢？引起读者的阅读兴趣。

传说周宣王在位时，有一位贤臣名叫尹吉甫，他因受到继室的挑拨离间，将前妻留下的爱子伯奇给误杀了，而伯奇的弟弟伯封对兄长的不幸死去非常伤心，于是就作了一首悲伤的诗，尹吉甫听了以后明白了事情的真相，他十分后悔，心里充满了巨大的哀痛。有一天，尹吉甫在郊外看见一只从未见过的鸟，停在桑树上对他啾啾而鸣，叫得十分哀凄悲凉。尹吉甫忽然心里一动，觉得这只鸟是他的儿子伯奇魂魄所化，于是他就对着那只鸟说道：“伯奇劳乎，如果你是我儿子伯奇，就飞来停在我的马车上。”话音刚落，这只鸟就飞过来停在了马车上，尹吉甫便带着这只鸟回到了家中。②到了家里以后，这只鸟又飞到井上对着屋里哀鸣，而尹吉甫假装要射鸟，拿起弓箭就将继室射杀了，以安慰伯奇。虽然故事近乎神话，但伯劳鸟名却由“伯奇劳乎”一语而得。

❷行为描写

可以看出尹吉甫是一个爱恨分明的人，为后文故事情节发展埋下伏笔。

注释

劳燕分飞：伯劳、燕子各飞东西，比喻夫妻、情侣别离。

伯劳鸟也叫胡不拉，是重要的食虫鸟类。它们喜欢独居，鸣声十分刺耳，大多为灰色或灰褐色，身上有黑色或白色斑纹。与传统鸟雀性情温和大相径庭的是，它们常常用喙啄死大型昆虫、蜥蜴、鼠和小鸟，甚至将捕获的猎物穿挂在荆棘上晾起来，故又名“屠夫鸟”。不过依照现代科学来看，伯劳鸟所捕食的多为害虫，应该属于对农业有利的益鸟。

关于伯劳鸟最早的记录见于中国最早的诗歌总集《诗经》：“七月鸣鵙，八月载绩。”这里的“鵙”即伯劳鸟。古时候，人们在农业生产中有喜悦，有哀怨，有忙碌，有闲逸。而伯劳鸟依照物候时令开始鸣叫，它似乎在告诉人们，马上就要进入变换季节的时候了。伯劳鸟之所以被奉为“夏至”的管理者，也许正源于此吧。

读书笔记

夏至节的消失

夏至是我国出现最早的节气之一。在我国古代几千年的历史长河中，夏至节一直都是一个十分重要的节日。①可是现在，夏至这个节气还在，夏至节这个传统节日却已经没有了。那夏至节是怎么不见的呢？

我国在先秦时期就已经出现了春分、秋分和夏至、冬至这四个节气，这些都记载于《尚书》之中。因为科技的落后，先秦那时的人，认为地神主要是管灾害、瘟疫之类的神仙，祭祀地神就是希望防灾、减灾的。在《周礼》一书中，每年的夏至日，都需要祭祀地神。

夏至这一天被古人认为是至阳之日，也就是阳气指数最高的日子，所以，古代的人们选择在夏至这一天祭祀地神防灾减灾。从这一天以后，白天日照时间逐步减少，阴气指数逐步上升，一直到冬至那一天达到阴气的顶点。而地神的属性就是阴，所以选在夏至这一天祭祀它。②到了汉代，《周礼》的这种规定，在儒学上成为统治思想，成为我国历朝

❶疑问　本句提出问题，夏至节是怎么不见的呢？引起读者阅读的兴趣，推动故事情节发展。

❷叙述说明　从这里的描述可以看出封建君主一直对夏至日十分重视。

历代封建君主一直沿袭遵守的夏至活动。现如今在北京，我们仍旧能够找到当年封建王朝在夏至节这一天举行国家祭祀大典的遗迹，这就是保留至今的方泽坛。这个名字可能有很多人不太了解，甚至没有听说过，其实，它还有另一个比较普及的大众名字——地坛。[①]方泽，就是古人沿袭天圆地方的错误认知。在地上挖一个方形的水池，储上水，这就是方形的水泽了，也就是方泽。然后在水中央设置祭坛，这在古人观念里就可以代表"地"了。所以，地坛也叫方泽坛。

❶解释说明

对地坛的由来和别名进行解释，丰富文章内容，推动故事情节发展。

古代封建王朝统治上层，由于皇帝带头搞夏至祭祀活动，所以在民间也逐步形成了在夏至祭祖的习俗。《管子》一书中记载，在夏至日这一天，同族之人要聚集起来祭祀先祖。因为夏至前后也是春小麦收获之时，因此常常用新麦来充当祭祀贡品。这些祭祀活动从战国时期就开始出现了。

[②]祭祀的主要目的，就是希望祖先能够护佑家人平安健康，一切顺利，农业取得大丰收，等等。因为与农业生产有关，因此我国古代民间的夏至日祭祀中，也常常会祭祀一下地方性的特殊神仙。比如，在江南地区就流行过祭田公、田婆，来保佑自己接下来的农事顺利。

❷行为描写

对人们祭祀的目的进行描述，这也说明古代大部分祭祀都是为了保佑家人和农事。

因为夏至节在古代被统治阶级和普通老百姓用来开展活动，因此也出现了一些夏至的饮食习俗。比如，从魏晋南北朝时期开始，南方人在夏至节这一天流行吃粽子。那时候，粽子还没有完全成为端午节的独有食品。到了唐代，夏至节的时候人们流行吃烤鹅。清代，北方的北京、山东等地的人们流行在夏至节这一天吃过水面；而南方很多地方流行吃夏至粥。这种粥是用小麦、红枣、红豆等再加上糖煮成的。

[③]夏至节在我国古代是有历史、有制度还有风俗的。但是，为什么现在只留下了夏至节气，夏至节却消失了呢？

❸疑问

本句再次提出夏至为什么消失的问题，与文章开头形成呼应，更加引起了读者的好奇心。

封建王朝的覆灭是其中的直接原因。古代夏至节最高级别的行动倡导者——封建皇帝被埋进了历史的垃圾堆。比如说，清朝末代皇帝溥仪就没参加过一次夏至祭典，因为那个时候他年纪太小，而他还没长大时，清朝就已经灭亡了。

①当力推夏至节的封建社会上层统治者消亡后，民间淘汰夏至节的速度也加快了。本来，“夏至节”后紧跟着就是“端午节”，两者在时间上比较接近，一般情况下容易出现资源集中到哪一个节的情况。而端午节自诞生以来，逐渐强势，夏至节的功能也就逐渐转移到了端午节期间，由于封建王朝被历史终结，导致本来就已经居于劣势的夏至节更加雪上加霜。

①叙述说明　这里揭示了夏至节消失的最主要原因——封建王朝的灭亡。

②对于民间老百姓来说，由于自身的时间有限、精力有限，最重要的是物资有限，当遇到两个挨得比较近的节日时，往往会做出一个二选一的抉择。而这个抉择虽然漫长，但是，最终基本都是以一个节日加强、一个节日式微而告终。比如，寒食与清明节、秋分与中秋节、冬至与新年等。

②叙述说明　从老百姓的角度解释了夏至节消失的原因，这也更进一步说明了节日消亡的基本规律。

当然，以上只是夏至节消失的最浅显的解释。夏至节的辉煌不再，最根本的原因在于，古老的中国最终告别了以农业为主的生产方式。封建统治者之所以重视夏至节，把国家大典安排在这个时间段，其最强大的动力就在于，夏至时节，我国大江南北迎来麦收，正是农忙的旺季。同时，夏至之后，雨水和阳光都将大大增强，是庄稼的重要生长期，同时也是病虫害和各种天灾的高发阶段，更需要大量劳动力来确保田间管理。

读书笔记

因此，在以农业经济为重中之重的封建王朝时代，无论是统治者的祭祀地神，还是普通老百姓的祭祀祖先，其实，都是在夏至的农忙间歇里，通过举行这些习俗仪式，祈求正在面临关键时期的农业生产能够顺顺利利。这才是夏至节能够存续千年的关键。

③而随着社会进入工业化、信息化时代，农业虽然非常重要，但是，已经不再是过去封建社会时代的国之唯一根本，在这样的情况下，围绕农业铺开的夏至节及其传统，也就自然而然地退出了历史舞台。

③总结说明　最后一段总结了夏至节消亡的真正原因。

精华赏析

本章主要讲述了与夏至日有关的内容，可以看出，夏至日从封建王朝开始一直都是一个非常重要的节日，可是到如今，却只是一个节气而已。本章用大量笔墨给读者解释了这个原因，拓宽了读者的知识面。

延伸思考

1.夏至节消失的主要原因是什么？

2.无锡人在夏至日这一天会吃什么？

相关评价

本章主要讲述了夏至这个节气。与之前的章节格式一样，作者先讲述了夏至的时间和来历，随后讲述了它对天气气候造成的影响，对人们生活造成的改变等。另外，还讲述了夏至节这一传统节日消亡的原因和过程。文章内容丰富，结构完整。

小　暑

名师导读

小暑，二十四节气的第十一个节气，是干支历午月的结束，以及未月的起始。暑，是炎热的意思，小暑为小热，还不十分热。意指天气开始炎热，但还没有到最热。

一、什么是小暑？

我国农历二十四节气中的第十一个节气，夏天的第五个节气是小暑，表示季夏时节的正式开始。此时太阳到达黄经105°，于每年公历7月6日至8日交节。[①]暑，是炎热的意思，小暑即为“小热”，此时我们虽然已经能够感受到天气的炎热，但是还没有达到一年内最热的时候。小暑只是炎炎夏日的开始。这种气候，在中国大部分地区基本符合。时至小暑，大地便不再有一丝凉风，风中还会带着热浪。全国的农作物都进入了茁壮成长阶段，需要加强田间管理。中国南方地区小暑时平均气温为26℃左右，已是盛夏。各地也进入雷暴最多的季节，常伴随着大风、暴雨，有时还有冰雹。

①叙述说明

对小暑时节的天气、温度情况进行简单说明，可以看出温度已经逐渐上升，但是并不是最热的时候。

《月令七十二候集解》中记载：“六月节……暑，热也，就热之中分为大小，月初为小，月中为大，今则热气犹小也。”

出梅、入伏是小暑的标志。由小暑时节开始，就再也没有了凉风习习的舒适，取而代之的是带着热浪的风；由于炎热，庭院的墙角下成了蟋蟀避暑的首选之地，人们也减少了外出活动。

读书笔记

江淮流域梅雨时节结束，盛夏到来。随着气温不断升高，进入了伏旱期；而华北、东北地区迎来了多雨季节。所以，小暑后南方应注意抗旱，北方须注意防涝。

[1]“春夏养阳”，人体阳气最旺盛的时候是在小暑时节。由于天气炎热，人们出汗多，体力消耗大，容易劳累，所以，千万不能忽略对身体的养护。大家在工作劳动之时，一定要注意劳逸结合，保护阳气。

❶叙述说明 作者在这里通过温馨提示来告诫大家保护身体，这样也使得行文更加有人情味。

二、小暑的习俗

相传，农历六月初六这天是龙宫晒龙袍的日子。因为这一天，差不多是小暑的前后，是一年中气温最高、日照时间最长、阳光辐射最强的日子之一。所以，家家户户都在这一天“晒伏”，所以有“六月六，晒红绿”的说法。小暑时节还有不少习俗，下面为大家介绍一下。

1.吃暑羊

“吃暑羊”是鲁南和苏北地区在小暑时节的传统习俗。入暑之后，正值三夏刚过、秋收未到的夏闲时候，忙活半年的庄稼人便三五户一群、七八家一伙吃起暑羊来。而此时喝着山泉水长大的小山羊，吃了数月的青草，已是肉质肥嫩、香气扑鼻。这种习俗可追溯到尧舜时期，[2]在当地民间有“彭城伏羊一碗汤，不用神医开药方”的说法。

❷引用 本句通过引用的修辞手法，再次说明了吃暑羊这一习俗对人们的身体健康大有裨益。

2.食新

民间有很多地方有小暑时节“食新”的习俗。农民会用新米做好饭，供祀五谷大神和祖先，祈求秋后五谷丰登，然后人们开开心心地品尝新酒。也有的地方是把新收割的小麦炒熟，然后磨成面粉，用水加糖拌着吃。这种吃法早在汉代就有，唐宋时期更为普遍。唐代医学家苏恭说，炒面可“解烦热，止泄，实大肠”。

3.封斋

[3]湘西苗族的封斋日在每年小暑前的辰日到小暑后的

❸叙述说明 对封斋的时间进行概述，可以看出，小暑对人们生活的影响还是很大的。

巳日。这段时期，禁食鸡、鸭、鱼、鳖、蟹等物。据说，误食了要招灾祸，但仍可吃猪、牛、羊。

4.吃伏面

俗话说"热在三伏"，小暑过后就进入伏天。伏，即伏藏的意思。所以，人们应当减少外出以避暑气。饮食上，人们会吃清凉消暑的食品，以度过炎热的伏天。

[1]入伏之时，刚好是我国小麦生产区麦收不足一个月的时候，家家麦满仓，而到了伏天人们精神委顿，食欲不佳，饺子却是传统食品中开胃解馋的佳品，所以人们用新磨的面粉包饺子，或者吃顿新白面做的面条，就有了"头伏饺子二伏面，三伏烙饼摊鸡蛋"的说法。

❶解释说明

这段话解释了为什么入伏后人们的饮食中加入了更多的饺子、烙饼和面条。

5.小暑舐牛

在山东临沂地区，每到小暑，人们有给牛改善饮食的习俗。伏日煮麦仁汤给牛喝。据说，牛喝了身子壮，能干活，不淌汗，民谣有："春牛鞭，舐牛汉（公牛），麦仁汤，舐牛饭，舐牛喝了不淌汗，熬到六月再一遍。"

6.吃藕

此外，在民间有小暑吃藕的习俗。清咸丰年间，莲藕就被钦定为御膳贡品。藕与"偶"同音，所以人们用食藕祝愿婚姻美满。藕与莲花一样，出淤泥而不染。因此，也被看作是清廉高洁的人格象征。[2]藕中含有大量的碳水化合物及丰富的钙、磷、铁和多种维生素，钾和膳食纤维也比较多，具有清热、养血、除烦等功效，适合夏天食用。鲜藕以小火煨烂，切片后加适量蜂蜜，可随意食用，有安神入睡之功效，可治血虚失眠。

❷解释说明

对人们在夏天时节多吃藕的原因进行解释，也说明了藕的作用，丰富文章内容。

三、相关故事

六月初六姑姑节

在我国的晋南地区，六月初六被叫作"回娘家节"，也称为“姑姑节”。[①]关于这个节日的来历，还有一个有趣的传说。

相传春秋战国时期有个叫狐偃的人，他是一直跟随并保护晋文公重耳流亡到各国的功臣之一。后来狐偃帮助重耳成为晋国君主，而他也被封为了宰相。狐偃十分聪明能干，被封为宰相后辛勤地治理朝政，晋国上下对他都十分地尊敬重视。

六月初六是狐偃的生日，每当他过生日的时候，总是会有很多的人给他送礼祝寿。时间一长，在无数的吹捧与谀媚中狐偃渐渐膨胀起来，变得骄横无理，目空一切。慢慢地，人们对他的所作所为怨声载道。但碍于狐偃身在高位，又很有势力，大家都对他敢怒不敢言。狐偃的亲家是当时的功臣赵衰。他对狐偃的作为很不认同，于是就当面指了出来，并且好言相劝一番。但是狐偃听了后却勃然大怒，当着众人的面大声斥责并辱骂亲家。赵衰年老体弱，竟被他这一番言语抢白给气死了。他的儿子痛恨岳父不讲仁义气死了父亲，于是下定决心要为父亲报仇。

翌年，晋国夏粮遭灾，狐偃出京放粮，临走时说，六月初六一定赶回来过生日。狐偃的女婿得到这个消息，便计划在他六月初六的寿宴上，刺杀狐偃，为父亲报仇。

有一天，狐偃的女婿见到妻子问道：“像你父亲那样狂妄自大、蛮横无理、鱼肉天下的人，老百姓不恨吗？”狐偃的女儿对父亲越来越荒唐的做法也很不满，于是顺口答道：[②]“他所做的一切连我都讨厌，更何况别人呢！”

丈夫听到妻子这么说，于是就把要在寿宴上刺杀狐偃的计划告诉了她。妻子听到这个消息后，内心翻起了惊涛骇浪，但脸上除了略显苍白外，没有显出别的表情，她低下了头轻声说道：“我已嫁入你家，就是你家里的人了。至于娘家，我也顾不得了，有什么事你就看着办吧！”

她的丈夫听到她这么说，也就放心了。可是，从那以后，妻子却整天心神不宁，担惊受怕，她虽然十分痛恨父亲

❶引出下文　与“姑姑节”来历相关的有趣传说是什么呢？开篇便引起读者阅读兴趣，引出下文。

读书笔记

❷语言描写　女儿内心也早已对父亲的所作所为感到不满，但是，那毕竟还是她的父亲啊！

的狂妄自大，对亲家竟然做出这么绝情的事。但是，又想起小时候父亲对自己的疼爱，便又心生不忍，最后，在经过激烈的思想斗争后，她决定不能对父亲见死不救。于是在六月初五这天，她跑回了娘家告诉母亲丈夫的计划。母亲大惊，急忙连夜将此事写信告诉了狐偃。

狐偃的女婿见妻子不见了，便知道刺杀计划已经败露，干脆闷在家里等狐偃来收拾自己。六月初六一早，①狐偃亲自来到亲家府上，他见到了女婿就像什么都没有发生过一样，并邀请他一起回相府赴宴。女婿没有拒绝，于是二人一起骑马回到了相府。

①设置悬念 为什么他像什么事都没发生一样？接下来的故事走向又会是怎样的呢？引起读者的好奇心。

相府拜寿宴都已准备好了，祝寿的人齐聚一堂。狐偃站在首位，严肃地说道："我今年放粮，亲眼看到了百姓疾苦，这让我深有感触，回想这些年来我的所作所为，真是惭愧。另外，当我得知我的贤婿计划在今天刺杀我，虽然有些狠毒，但也情有可原，于百姓杀了我是为民除害，于他杀了我是为父报仇，我不怪他。而我的女儿念及父女情深救了我，是尽了孝道，我也很是感激。现在我是真心悔过了，希望贤婿看在多年翁婿的情谊上，不计仇恨，两相和好！"说完狐偃向着女儿及女婿深深地鞠了一躬。从此以后，他真心改过，翁婿反倒比以前更加亲近。

②每年六月初六狐偃都要邀请闺女、女婿回家团聚一番，就是为了时刻提醒自己，不要忘记这个教训。老百姓听到这个事情，纷纷仿效，也都在六月初六接回闺女，图个解怨消仇、免灾去难的吉利。年月长久，慢慢地竟然形成一个习俗，流传到现在。

②行为描写 狐偃经过上次的事情之后，知道自己做得非常不对，痛下决心一定要改正自己的错误。

晒书节的由来

传说大禹的生日是六月初六。不过，这也许是个概数，

注释

见死不救：看见人家有急难而不去救援。

因为“上古不庆生，恐遭人厌胜”。只有唐玄宗敢将自己的生日定为千秋节，除了他，之后一直到清代，皇帝生日的“万寿节”都是假日子，真实情况绝不泄露。

在宋代，六月初六被称为天贶节。贶，意同赐。这个传说起源于宋真宗赵恒，有一年六月初六那天，他突然声称上天赐给了他一部天书，于是便将这天定为天贶节，而且还在泰山脚下的岱庙建造一座宏伟的天贶殿。

①在民间，还有的将农历六月初六称为“晒书节”。为什么要在六月初六晒书？有以下几种说法。

一说：宋代时有一年六月初六，宋真宗赵恒称上天赐给了他一部“天书”，他将天书视为最珍贵的宝贝，收藏起来。但是，时间一长，赵恒又担心天书发霉生虫，于是在每年六月初六这一天，他都要把天书拿出来晾晒。慢慢地，以后的读书人也在六月初六这天，将所藏的书籍、字画摊在太阳下晾晒，故称六月初六为“晒书节”。

二说：相传大学士朱国祚的曾孙朱彝尊在六月初六这天露着大肚皮晒太阳，正好被微服私访的康熙看见，康熙问他为何将肚子袒露在太阳底下晒。朱彝尊回复说，是因为一肚皮的书派不上用场，快发霉了，所以要晒晒。康熙回宫后就召朱彝尊进宫，经过交谈，发现他果然满腹学问，于是把撰修《明史》的重任交给了他。此后读书人都在这一天晒诗书字画，以示学识高深，渐渐地，形成了“晒书节”。

三说：晒书节还与佛教有关。据说，唐僧从西天取经回来，在途中经过一条河时，没留神把经书掉进了河里。等他将经书全部打捞上来后发现都已湿透了。没办法唐僧只能把经书全部摊开晾晒，而那天正是农历六月初六。从那以后寺庙里就把六月初六作为晒经书的日子，并称此日为“晾经节”。

②古人云：“万般皆下品，唯有读书高！”充分说明了在古代，人们对于文化的极其重视。汉代刘向也曾说过：“书

❶设问

提出问题，下文便详细地解释了六月初六晒书的原因。

读书笔记

❷引用

引用名言，说明了古代人对读书的向往和尊崇。

犹药也,善读之可以医愚。”读书、爱书的精神品性,能熏陶人的情操,增加人的气质。知识就是力量,通过多读书,勤思考,不但可以增长知识,还可以增进见识。重视读书,是一个国家的希望所在。

小白龙祭母

[1]相传在很久以前,有一位年轻的姑娘还没有结婚却突然怀孕了。姑娘的父母虽然知道女儿一向知书达理,绝不会做出什么有伤风化的事情,但是眼见女儿的肚子一天天大起来,还是忍不住问女儿,到底有没有一时糊涂,做出了什么不妥之事。可怜的姑娘百口莫辩,只能一个劲儿地哭着保证自己一直大门不出,二门不迈,没有和任何男子有过亲密往来。

❶设置悬念
为什么这个没有结婚的姑娘会怀孕呢?这又会对她的命运走向带来什么改变呢?引起读者的阅读兴趣。

姑娘的母亲实在想不通,就随口问了一句,那你有没有吃过什么奇怪的东西呢?姑娘想来想去,只记得有一天下雨,自己在屋檐下接了点水喝。一家人无可奈何,想着腹中毕竟也是一条生命,只好等姑娘十月怀胎,将孩子生下来再说。

[2]可更让人奇怪的是,别的人怀胎十月就会降生,而姑娘怀了十四个月。那时候,因医疗条件有限,女子在生产时常有性命之忧,因此有“孩子奔生娘奔死”的说法。这话说得正是这位可怜的姑娘。她在临产之际,受尽苦楚,生下孩子之后就奄奄一息了。谁知道,当她看到自己诞下的不是婴儿,而是一条小白蛇,当场就气绝身亡了。

❷叙述说明
通过这里的描述可以看出,姑娘怀的并非人类,推动故事情节发展。

[3]母亲死了,小白蛇却见风就长,不一会儿就长成了一条小白龙。它在母亲的身旁亲昵了一番,才腾云驾雾地离开了。姑娘的家人悲痛欲绝,又惊又怕,草草地将姑娘埋葬了。

❸行为描写
小白龙就这样离开了,它还会记得它的母亲吗?让我们接着往下看吧。

然而,事情并没有结束。第二年小暑前后,就在小白龙出生的那天,离去的小白龙竟然回来了。这时,正是中午时分，突然天昏地暗，狂风大作，一片飞沙走石，紧接着就是倾盆大雨，天地一片迷茫。直到雨过天晴后，人们才发现，那姑娘原本小小的坟墓，竟然被卷成了个偌大的土丘。

❶解释说明 这段话很好地解释了为什么当年姑娘会未婚先孕，也从侧面反映了小白龙知恩图报。

[①]这时人们才恍然大悟，这是小白龙回来给母亲上坟、报恩来了，那雨水分明就是小白龙的泪水啊。而当年姑娘之所以未婚先孕，正是因为她在屋檐下喝水时，吃到了龙籽，这才怀上小白龙。

从此以后的每一年，小白龙都会回来。每当这时候总是风云变幻、大雨倾盆，之后姑娘的坟头就修葺一新。这恰好证实了人们的猜想。

久而久之，民间就将小暑节气前后小白龙思念母亲回乡上坟的传说流传了下来。

精华赏析

本章主要讲述了小暑这一节气的故事，可以看出这个节气伴随着温度的上升，人们的生活习惯和饮食结构都发生了很大的变化。从“晒书节”这一风俗可以看出这个时节温度之高，同时也从侧面反映了古代人民对知识的向往。

延伸思考

1.为什么狐偃知道女婿要杀自己却没有生气？

2.简要概述小白龙的故事。

相关评价

本章主要讲述了小暑时节的故事。先是通过天气温度的变化来描述小暑的景象，随后讲述了在这个节气人们在饮食上的变化，最后通过典型的事例加深读者对小暑时节的印象。文章结构完整，情感丰富，非常具有借鉴意义。

大 暑

名师导读

大暑节气正值“三伏天”里的“中伏”前后，是一年中最热的时段。大暑气候特征：高温酷热，雷暴、台风频繁。

一、什么是大暑？

我国农历二十四节气中的第十二个节气是大暑。此时太阳到达黄经120°，斗指丙，公历7月22日至24日交节。斯时天气甚烈于小暑，故名曰大暑。它与小暑一样，都是反映夏季炎热程度的节气。《通纬·孝经援神契》记载：“小暑后十五日斗指未为大暑，六月中。小大者，就极热之中，分为大小，初后为小，望后为大也。”

①大暑节气是我国一年中日照最多、气温最高的时段，它正值“三伏”，在我国大部分地区干旱少雨，许多地区的气温甚至达到35℃以上。

❶叙述说明

对大暑时段的天气温度状况进行叙述，可以看出这一年中真正的热浪来了。

在我国华南以北的长江中下游等地区却是炎热少雨季节，有“小暑雨如银，大暑雨如金”“伏里多雨，囤里多米”“伏天雨丰，粮丰棉丰”“伏不受旱，一亩增一担”的说法。就像左河水诗云：“日盛三伏暑气熏，坐闲两厌是蝇蚊。纵逢战鼓云中起，箭射荷塘若洒金。”如果大暑前后出现阴雨，则预示以后雨水多。农谚有“大暑有雨多雨，秋水足；大暑无雨少雨，吃水愁”的说法。

②人们熟知“热在三伏”，而大暑正处在三伏里的中伏阶段，是一年中最热的时段。“大者，乃炎热之极也。”暑热程

❷引用

通过引用的修辞手法，更加直接地说明了自古以来大暑时节的温度都非常高。

度从小到大，大暑之后便是立秋，正好符合了物极必反的规律。由此可见，大暑的炎热程度了。

①大暑期间高温是正常的现象，设想一下，若是没有了充足的光照，那么那些喜热的农作物就会受到影响不再生长，甚至枯死，这将是多么可怕的事情啊！但如果长时间出现高温无降雨天气，也不是什么好事情。农谚有“五天不雨一小旱，十天不雨一大旱，一月不雨地冒烟”的说法。可见，高温少雨也是危害极大的。

❶叙述说明

大暑虽然气温很高，人们感到烦闷，但是对于农作物的生长却十分有利，自然界的气候变化都是遵循一定规律的。

二、大暑的习俗

大暑节气里，由于天气炎热，非常容易消耗元气，损失体内津液。因此要经常服用药粥滋养身体。②《黄帝内经》就有“药以去之，食以随之”“谷肉果菜，食养尽之”的论点。这个时节，肠胃的消化功能较为薄弱，饮食以清淡为主，不可多吃辛辣、肥腻、煎炸的食物。除了适当地多食用些清热、健脾、利湿、益气的食物，还要多喝水，常食粥，多吃新鲜的蔬菜水果。大暑时节也有不少习俗，下面为大家介绍一下。

❷叙述说明

对大暑时节人们的饮食种类进行说明，可以看出这个时节饮食清淡对身体有益。

1.吃荔枝

在我国福建莆田的大暑节那天，有吃荔枝、羊肉和米槽的习俗，叫作“过大暑”。荔枝含有大量的葡萄糖和多种维生素，富有营养价值。所以，吃鲜荔枝可以滋补身体。先将鲜荔枝浸于冷井水之中，大暑节时间一到便取出品尝。这个时刻吃荔枝，最惬意、最滋补。于是有人说，大暑吃荔枝，其营养价值和吃人参一样高。

2.送“大暑船”

③大暑时节送“大暑船”活动在浙江台州沿海地区已有几百年的历史。“大暑船”完全按照旧时的三桅帆船缩小比例后建造，长 8 米、宽 2 米、重约 1.5 吨，船内载各种祭品。活动开始后，50 多名渔民轮流抬着“大暑船”在街道上行进，鼓号喧天，鞭炮齐鸣，街道两旁站满祈福人群。“大暑船”最

❸叙述说明

本句起到了统领全段的作用，并引出下文，推动故事情节发展，引起读者的阅读兴趣。

终被运送至码头，进行一系列祈福仪式。随后，这艘“大暑船”被渔船拉出渔港，在大海上点燃，任其沉浮，以此祝福人们五谷丰登，生活安康。

3.吃仙草

①仙草又名凉粉草、仙人草。唇形科仙草属草本植物，为重要的药食两用植物。由于其神奇的消暑功效，被誉为“仙草”。它的茎叶晒干后可以做成烧仙草，广东一带叫凉粉，是一种消暑的甜品。因其本身也可入药，民谚有云：“六月大暑吃仙草，活如神仙不会老。”

❶解释说明

详细地解释了仙草名字的来历及其功效。

三、相关故事

囊萤苦读

古时候人们将大暑分为三候：“一候腐草为萤；二候土润溽暑；三候大雨时行。”②其中“一候腐草为萤”说的是萤火虫。陆生的萤火虫将卵产在枯草上，大暑时节，萤火虫自卵孵化而出，所以一直以来，古人都认为萤火虫是腐草变成的。

❷解释说明

解释了“一候腐草为萤”的含义，说的是萤火虫。

夏夜里，天空布满闪闪繁星，而地面上、林间、草丛里的萤火虫亮着绿色的小灯笼，像是突然降临到凡尘的星光，划出一道道美妙的弧线，既神秘又别有一种浪漫的气氛，更加令人着迷。这些可爱的小生灵为夏夜带来别样的美丽，但也告诉大家，夏天就要过去了，凉爽的秋天慢慢地走来了。

③这里要说的是另一个有关萤火虫的故事。

❸过渡句

本句在文中起着引出下文，推动故事情节发展的作用。

相传在晋代南平（今湖北省公安市），有个叫车胤的人。他为官刚正不阿，不屈权贵，《晋书》称赞其“车胤忠壮”。他凡所历任，则任劳任怨，竭尽心力，会稽王司马道子示意众大臣联名上疏，要求孝武帝给予自己“假黄钺，加殊礼”。而车胤拒绝署名，疏奏至皇帝，孝武帝大怒众臣，“而甚嘉胤”。车胤做事不拘俗套，勇于创新。[1]他还能说会道，善于赏会。每逢盛大场合，如果车胤不在场，都说“无车公不乐”。

车胤能有如此成就，这都得益于他少年时埋头苦读、废寝忘食、好学不倦的精神。车胤年少时读书的经历，绝对是一个自强不息、发愤图强的励志故事。

车胤的祖父车浚，三国时期做过东吴的会稽太守。原本这样的家庭，车胤应该不愁吃穿、养尊处优，可是，事情并不像想象的那么美好。他的祖父因灾荒之年，看到百姓流离失所、忍饥挨饿，心生怜悯，于是上书朝廷请求赈济百姓。可谁知那个东吴皇帝孙皓却是个大昏君，他不仅没有同意赈济百姓，竟然将车胤的祖父给处死了。从那以后，车胤的家境就变得一贫如洗。

[2]但是，尽管生活十分拮据，年幼的车胤仍然没有放弃学习，他人穷志不短，秉承了祖父刚正不阿的精神，每日只要一有时间便拿起书埋头苦读。那时有个叫王胡之的太守，看到车胤如此刻苦，便向他的父亲车育称赞道：“这个孩子将来定有大出息，一定会将你们车氏一族重新振兴，光耀门楣。你不要再让他做别的事情，只专心读书就可以了。”但是，家里如此的贫寒，车胤怎么可能只读书，而什么都不做呢？他白天要干活，只能抽出点儿零碎时间看一下书，等到了夜晚才不用再干活了，却没法看书了。因为家里实在是太穷了，连买灯油的钱都没有。没有灯火照明，怎么能读书学习呢？

于是车胤只能利用白天的碎片时间看书，到了晚上就默背白天抽空看到的内容。有一个夏天的晚上，车胤又在默背书中内容，可有一句话却怎么都想不起来了。[3]他叹了口气望向天空，却看到一只只萤火虫在空中翻飞，它们身下一闪一闪的，像是一盏盏绿色的小灯笼。车胤突然灵光一闪，想到了一个绝妙的办法。他忙走到屋里，拿了一块白布

❶引用

引用俗语来说明他的重要性。可是车胤为什么能够如此招人喜欢呢？让我们接着往下看吧。

❷行为描写

尽管家境败落，但是车胤依旧没有放弃学习，凸显了其勤奋好学的性格特征。

❸比喻

本句运用比喻的修辞手法，将萤火虫的光亮比作绿色小灯笼，生动形象地将其美好的模样呈现在读者眼前。

做了个口袋，然后就跑到外边捉起了萤火虫。[①]他将捉到的萤火虫装进了白布口袋里，很快就有半口袋萤火虫了。光从口袋里透了出来，虽然光线不是很强，但已经足够让车胤看清书上的字了。就这样，在每个夏夜的晚上，车胤都是借着萤火虫发出的微弱亮光，夜以继日地苦读，广泛涉猎各种知识，最终成了一个非常有学问的人。

❶行为描写

从这一行为可以看出，他非常的机智聪明，为了学到更多的知识，他愿意找各种各样的方法去尝试。

大暑晒伏姜

在大暑的时候，太阳光强烈地照耀着大地，天气持续高温，这是很正常的；若是遇到下雨阴天，那也是非常闷热，让人感觉喘不过气来。[②]但是这个一年中最热的节气，对于养生来说，也是一个非常可贵的节气。

❷叙述说明

尽管大暑时天气非常的炎热，可是却是治百病的绝佳时间。

“晒伏姜”之所以在大暑节气养生三大习俗里排第一名，是因为其功效强、效果好的缘故，尤其是在大暑那一天晒的姜，则具有最强功效、最好效果。另外两个习俗是“喝伏茶、烧伏香”。

在大暑节气里，人们喜欢将一些食材在好的天气中晒上一两天，然后再食用。比如晒咸菜、晒辣椒、晒豆角……但是晒生姜，却一定要从大暑一直晒到出伏那天，这是为什么呢？[③]原因是在大暑的时候，太阳光最是火辣毒烈，这样晒出的姜比普通的姜效果好很多，而且可以食用一年。

❸解释说明

说明了大暑晒一晒生姜后食用对身体有很大的好处，并且利于保存。

夏天的时候，由于天气炎热，人们比较喜欢吃些寒凉的东西，有时也会因为天气的原因，食物有些轻微变质就被吃进了腹中，所以经常会出现腹胀、腹痛、腹泻、呕吐的情况，这时候拿出伏姜吃下去，以上症状很快就消失了。因为吃过伏姜后，人就会有身体发热的感觉，并且血管扩张，血液循环加快，促使身上的毛孔张开，不但能把多余的热带走，

注释

夜以继日：意思是晚上连着白天。形容加紧工作或学习。

同时还把体内的病菌、寒气一同带出。所以，当身体吃了寒凉之物，受了雨淋或在空调房间里待久后，吃块伏姜就能及时消除因肌体寒重造成的各种不适。

[1]在河南地区，对付伤风咳嗽、老寒胃等病症，就是将红糖与榨汁或者切片后的生姜充分搅拌在一起，再装入器皿中蒙上纱布，在大暑时候的太阳下晾晒，等生姜和红糖充分融合后食用，效果非常好，而且还有温暖、保健的功效。但这个仅限于在大暑天晒后立即食用，保存时间很短。

若想长时间食用的话，最方便的办法就是晒伏姜。晒伏姜操作方法很简单：首先，从菜地里拔出生姜来，大约一兜的量就行了。然后，将生姜上面生长出来的嫩芽掰掉，只留下皮色灰褐的老姜。最后，将姜面上的泥土清洗干净，将其扔到屋顶上就可以了。丢在屋顶上的生姜，不仅在白天经历着酷暑烈阳的炙热烘烤，晚上还要承受着露水的浸润，[2]就这样一直到出伏的那一天。出伏当天，人们搬来梯子，爬上屋顶将晒好的生姜拿下来，这时的生姜就已经成为最地道的伏姜了。

晒好的生姜拿下来时，都已是颜色灰黑、干瘪瘪了。只要用手一掰，就断裂开来；轻轻地咬一点下去，完全没有了生姜坚韧的丝状纤维和那些水润的感觉，而是辛辣非常。哪怕只是入口那么一点点，那辛辣味立时就会在口腔中漫开，甚至连眼泪也会被辣得涌出眼眶。

常饮伏姜可以养血补气，温暖肠胃，强身健体，令人精力充沛，面色白里透红有光泽。[3]伏姜除了治疗外感风寒外，还可以解酒、美白、缓解女性痛经、活络关节等。果然大暑养生好物，伏姜绝对第一！

❶叙述说明

不同地区对于伏姜的使用方法是不同的，在河南地区就采用了另外一种方法，同样对身体也很好。

❷解释说明

对于伏姜的制作方法进行解释，可以看出伏姜的制作很耗费时间。

❸叙述说明

结尾处用总结性的语言说明伏姜的好处，呼吁大家多在三伏天使用伏姜，强身健体。

精华赏析

本章主要讲述了大暑时节人们的生活习惯和饮食习惯，用浅显易懂的话语与读者沟通，让大家很容易接受偏科普性的写作方法。同时作者在介绍饮食的时候所举的例子，更是生动形象。

延伸思考

1.河南地区的人是如何吃姜的？

2.为什么要在大暑节气吃姜？

相关评价

本章主要讲述了大暑时节的故事，先是概括了大暑时节气温的变化和人们生活习惯、饮食习惯的改变，随后对饮食展开叙述。整篇文章详略得当，结构完整，非常具有可读性。

立　秋

名师导读

立秋并不代表酷热天气就此结束，立秋还在暑热时段，尚未出暑，秋季第三个节气（处暑）才出暑，初秋期间天气仍然很热。

一、什么是立秋？

立秋是二十四节气中第十三个节气，也是入秋以来的首个重要节气。立秋的时间一般是在每年公历8月7日至9日。①立秋是进入秋天的开始，预示着夏天即将离席退场，秋天正在款款走来。立秋也是天气由热转凉的交替时节。立秋之后，庄稼和果木开始孕育成熟，收获的季节即将开始。

我国古代将立秋分为三候，每候5天，因此立秋为15天。"一候凉风至"，立秋之后，我国由北至南的地区逐渐刮起北风，空气中凉意渐起，早晚尤为明显。"二候白露降"，立秋过后，昼夜温差逐渐增大，清晨在室外的地面或植物表面会结上一层薄薄的水珠，这就是露水。②"三候寒蝉鸣"，立秋也是蝉声最欢畅的时节。此时食物充足，气温不冷不热，蝉的生活过得无比惬意，叫声也比别的时间更响亮，仿佛在告诉人们，秋天来啦。

①拟人　本句运用拟人的修辞手法，生动形象地将夏天退场，立秋进场的景象呈现在读者眼前。

②拟人　本句运用拟人的修辞手法，生动形象地将蝉人物化，将其大声鸣叫的景象呈现在读者眼前。

二、立秋的习俗

在二十四节气中，立秋是一个非常重要的节气，无论是南方还是北方，人们都会举行各种各样的习俗活动，以此展示一个新的季节即将开始。

1.摸秋

在民间，立秋这天也有很多民俗，“摸秋”就是其中之一。所谓“摸秋”就是指在立秋这天晚上，人们可以到邻居的果园去摘瓜果，不用担心被人骂。有一些果园的主人，在立秋这天还会特意放一些瓜果在果园里供人们“摸秋”。

2.啃秋

[1]在立秋的习俗中还有一个特别有趣的“啃秋”，也有一些地方称它为“咬秋”，寓意夏季暑热之气严重，立秋之后，凉爽的好日子就要来了，大家一定要将它咬住。人们在立秋这天一般都会吃西瓜。据一些古籍记载，在立秋的前一天吃西瓜，可以预防腹泻。

❶叙述说明

这里的“啃秋”与立春时的“啃春”遥相呼应，使得文章结构更加完整。

3.贴秋膘

在立秋的各种习俗中，大家最熟悉的一定是“贴秋膘”，东北地区也称之为“抢秋膘”。在高温炎热的夏季，人们都以吃清淡的饮食为主，体重自然会减轻。所以在立秋到来之日，[2]首先就要对身体进行滋补，人们不约而同想到的美味自然是肉。红烧肉、白切肉、炖鸡、炖鸭、炖鱼，还有肉馅饺子，这些美味佳肴都是立秋当天家家户户的餐桌上必不可少的“大菜”。

❷叙述说明

这里的叙述解释了“贴秋膘”的真正含义，就是吃肉。

三、相关故事

立秋趣事

相传朱元璋当上皇帝之后，他把首都设在了南京。进入南京城以后，士兵们看到大都市的繁华个个兴高采烈。[3]可是没过多久，南京城里开始流行一种怪病，一些人的头上、身上都生了癞痢疮。这种病首先是从部队的士兵身上发现的，后来连城里的老百姓也染上了。朱元璋得知此事

❸设置悬念

为什么城里会流行这个怪病呢？谁可以解决这个流行病呢？引起读者的阅读兴趣。

之后非常着急，派出御医去治病。御医发现这种病是由于大多数士兵不爱洗澡、不讲卫生引起的。这种病有很强的传染性，士兵们进城后就将这种病带进了南京城。所以，很多百姓的头上、身上也生了癞痢疮，尤其是十多岁的孩子特别严重。①一时间没有药能治这种癞痢疮，有人只好到庙里去求神仙保佑，甚至用“香灰”当药，但是根本没有效果。御医也对这种病一筹莫展，急得团团转。

❶行为描写

从众人的行为可以看出这个病日益严重，也从侧面反映了人们寻医无果，只能依靠最迷信的方法来治病了。

南京城里有一个大户人家的小姐也得了这种病，老爷花了很多钱，到处寻找治病的偏方。这一天，家里来了一个云游的和尚，他得知小姐的病情之后，给老爷留下一个偏方：立秋之日食西瓜。正巧，第二天就是立秋，老爷赶紧派人去买西瓜。第二天，小姐吃了西瓜，头上的癞痢疮果然有所好转。老爷立刻把这个偏方告诉周围患病的人，大家都争相买西瓜来吃，渐渐治好了癞痢疮。一传十，十传百，没多久南京城的人都知道了这个偏方。后来，人们就把立秋之日食瓜称为“啃秋”，并一直流传下来。

直到今天，江浙一带的人们，在立秋时都会给家里的孩子买回一个大西瓜，据说立秋吃瓜能消除暑热，预防秋痱子。

在杭州，人们在立秋这天会吃秋桃，也称为“咬秋”。更有意思的是，无论大人还是孩子，在吃完秋桃后，都要将桃核留下来，等到除夕之夜，把桃核扔进火里烧掉。这样就可以将一年的瘟疫、灾难都化解掉。

三女追日

②不仅是汉族地区有立秋的传统，少数民族地区对立秋也很重视。苗族的“赶秋节”、侗族的“赶社”都是在立秋前后举行的传统活动。彝族人的“立秋节”更具特色，在彝族地区还流传着一段“三女追日”的故事。

❷总领全文

本句话在文中起着总领全文的作用。开篇总述，随后详细分写，这样使得文章结构更加紧凑。

很久很久以前，天上有七个太阳，它们为人类带来光明和富裕的生活，[1]可是这种幸福平静的生活被一只突然出现的黑猫精打破了。黑猫精对光明特别恐惧，只喜欢躲在黑暗的地方。它非常憎恨这七个太阳，一心想把它们除掉。于是它来到最高的一座山峰上，变成一个高大神勇的鹰嘴巨人，看到太阳冉冉升起来，黑猫精用身上的羽毛化成利箭射掉一个太阳，接着是第二个，第三个，直到第六个。最后剩下第七个太阳，它看到哥哥们都死了，就吓得躲了起来，再也不敢出来了。

[2]没有了太阳，大地变得一片黑暗，庄稼、牛羊、花草树木都不再生长，人们陷入恐慌之中。为了寻找最后一个太阳，人们派出了许多勇士，可是他们一去不复返。直到有一天，最后被派出去的勇士遍体鳞伤地跑了回来，他带回一个令人震惊的消息，原来是黑猫精杀死了那些寻找太阳的勇士。

正当人们一筹莫展的时候，三位美丽勇敢的彝族姑娘站了出来，她们愿意去除掉这只可恶的黑猫精。三位姑娘点起火把，照亮了整个山林。因为黑猫精害怕光明，所以，它不得不从山林中跑出来。大家一起动手打死了这只害人的黑猫精。

可是第七个太阳在哪里呢？黑猫精虽然死了，但是第七个太阳还是没有出现。

三位姑娘又站了出来，她们要去寻找太阳。三位姑娘告别了亲人，向着太阳曾经升起的地方走去。[3]她们翻过九十九座高山，蹚过九十九条大河，她们一路走啊走啊，不知走了多少年，原来油黑发亮的头发已经变得花白，长长地拖在地上，可是她们仍然没有找到第七个太阳的影子。

一天，三位姑娘正在赶路，忽然天空电闪雷鸣，狂风大作，一只猛虎窜了出来拦住她们的去路，三个姑娘根本没把老虎放在眼里，直接向它冲了过去。只见白光一闪，老虎不见了。突然一声霹雳，地动山摇，一只巨蟒从天而降，嘴里吐着火焰向姑娘们扑来。三个姑娘毫不畏惧，迎着巨蟒继

❶设置悬念

黑猫精的出现打破了平静的生活，它会使出什么阴谋诡计呢？引起读者的阅读兴趣。

❷叙述说明

对人们恐慌的状态进行刻画，可以看出这简直是天大的灾难。究竟谁能找到最后一个太阳呢？让我们拭目以待吧。

❸列数字

通过列数字的说明方法，准确地说明了她们在寻找太阳这件事上付出了非常大的努力和心血。

续向前走去。又一道白光闪过，巨蟒也不见了。第三道闪电划过后，一位白头发、白胡子的老爷爷站在三位姑娘面前，他告诉姑娘们：[①]“不要再往前走了，再往前走会送命的，不要再去寻找太阳了，还是回家去吧。”姑娘们回答：“我们一定要找到太阳，因为有了太阳，花儿才能开，庄稼才能收获，人和动物们才能生存。我们死了不要紧，后面还会有人来寻找太阳。”老人被感动了，他告诉三位姑娘：“美丽勇敢的好姑娘，你们就在这里等着，等到立秋那一天，会有一个骑白马的年轻人从这里经过，他就是最年轻、最英俊的第七个太阳。”

姑娘们听了老人的话高兴极了，她们停下脚步开始等待太阳的出现。过了好久好久，三位姑娘太虚弱了，她们倒在地上奄奄一息。这时，一位骑白马的年轻人出现了，原来这天正是立秋。姑娘们拼尽最后一口气高声喊道：“太阳，太阳，请你快升起来吧，人们需要你的光和热！花草树木和小动物们也需要你啊，赶快升起来吧！”说完，三位姑娘倒在地上，安静地闭上了眼睛。

三位姑娘化成了三座巍峨的山峰，一轮火红的太阳正从山峰中冉冉升起，远远望去仿佛有一双手捧起这颗太阳。

[②]从此以后，这三座山峰被称为三尖山。每到立秋时节，彝族人民就会来到三尖山下举办“赶街”活动，以此来纪念那三位美丽勇敢的姑娘。

蓐收的传说

在《山海经》中有这样一段故事：传说在远古时代，[③]泑山之巅住着一位掌管秋天的神仙，名叫蓐收。他长得高大魁梧，走起路来总是带着一股凉风，大家都很害怕他。在蓐收的右肩上永远扛着一把巨斧，左耳边还盘着一条小蛇。

①语言描写

老者想再劝一劝三位姑娘，希望她们能知难而退，可是她们为了百姓的生活一定要找到太阳。

②叙述说明

三位姑娘为了寻找太阳丢掉了自己的性命，人们为了纪念她们，便在每年立秋的时候举办“赶街”的活动。

③外形描写

对其高大威猛的外形进行刻画，为后文故事情节发展埋下伏笔。

注释

奄奄一息：形容气息微弱临近死亡。也比喻事物即将消亡、湮没或毁灭。

据说，这条小蛇寓意着生生不息，繁衍后代。每到三伏过后，蓐收就会到人间巡查，他所到之处都会升起阵阵凉意，所以，民间也流传着“蓐收到，秋天来”的说法。

蓐收肩上的巨斧代表着刑罚，专门处治那些触犯了法律的有罪之人，因此，古代的刑罚中有“秋后问斩”之说。

摸秋习俗

①相传在元代末期，淮河流域出现了一支由穷苦农民组成的起义军，这支部队纪律严明，对老百姓的东西秋毫无犯，所到之处很受大家的爱戴。

❶叙述说明 对这支起义军的行事风格进行说明，引出下文故事情节的发展。

一天，队伍来到一处农庄，因当时天色已晚，士兵们就在农庄外面露营休息。半夜，一些士兵饥饿难忍，他们发现路边的瓜地里有许多西瓜，于是偷吃了几个。第二天，将军知道了这件事，他命人把这几个偷瓜的士兵绑了起来，准备处死。村子里的人都来求情，有位老者急中生智对将军说：“我们庄里有个规矩，立秋之日大家都要到果园去摸瓜，昨天恰巧就是立秋，所以将士们吃几个瓜不能算偷。”在大家的一再请求下，将军释放了那几个吃瓜的人，从此立秋之日“摸秋”的习俗就流传下来了。

精华赏析

本章主要向读者讲述了立秋时的故事。其中最让人感动的便是三位姑娘寻找太阳的事情了。她们不畏艰辛，不顾及自己的生命安危，为了百姓的幸福生活而努力，她们的大无畏精神值得所有人学习。

延伸思考

1. 人们为什么要“啃秋”？

2. 立秋之日为什么要“摸秋”？

相关评价

本章主要讲述了立秋时节天气的变化、人们饮食方面的改变，以及风俗、习俗的变换，等等。从结构上看，详略安排得当；从描写手法上看，采用了拟人、比喻等修辞手法，生动形象地讲述了立秋时人们的所作所为。

处　暑

名师导读

处暑在日常生活中起到的意义，就是提醒人们暑气渐渐消退，天气由炎热向凉爽过渡，要注意预防“秋燥”。

一、什么是处暑？

过了立秋，我们就会迎来二十四节气中的第十四个节气——处暑。

据《月令七十二候集解》中记载：“处，去也，暑气至此而止矣。”处暑也称为“出暑”，“处”就是结束、停止的意思。“处暑，暑将退伏而潜处”，[①]处暑意味着炎热的夏季已经结束，凉爽的秋天即将开始。虽然在处暑这段时间里，每天中午的气温还会相对保持高位，但是已经不会像夏季那样酷热。处暑就是气候由热转凉的一个过渡节气。

❶叙述说明

对于处暑的气温变化情况进行叙述，可以看出天气有逐渐转凉的趋势。

每年的8月22日至24日，太阳到达黄经150°，标志着处暑时节正式开始。在我国古代历法中，把处暑分为三候：

一候鹰乃祭鸟。随着处暑到来，天地渐升寒意，老鹰开始捕食猎物为冬天储备食物。人们经常会看到这样奇怪的现象，老鹰会把捕到的猎物整齐地摆放起来，看上去好像在祭祀一样。

二候天地始肃。进入秋季，大自然中也平添了几分肃杀之气，让人渐渐感到寒冷。

[②]三候禾乃登。“登”即成熟，从处暑开始，各类谷物、瓜果都进入收获的季节，“处暑高粱遍地红”，农民们进入繁忙

❷叙述说明

对处暑时节农作物的生长情况进行刻画，可以看出这正是农民们繁忙的时节。

而幸福的秋收季节。

俗话说："一场秋雨一场凉。"进入处暑之后，北半球的白天越来越短，日照时间也越来越少，白天积蓄的热量随着夜晚的增长而消耗殆尽，因此人们会感到早晨和晚上的天气会比夏天凉快好多。再加上西伯利亚冷气团的进攻，冷暖气流相遇自然会带来降水，①但处暑之后的降雨要比夏季少很多，而且势头也不大，只是会给已经下降的气温再添一点儿凉意。

❶叙述说明　对天气的寒凉变化做进一步的说明，可以看出这时候秋姑娘已经走来了。

二、处暑的习俗

处暑时节也是人们常说的夏末秋初，气候由热转凉，庄稼也到了收获的时节，大地一片丰收的景象。对于农民们来说，处暑是一年中难得的好季节。因此，人们会举行各种各样的活动，或祭拜祖先或庆祝丰收。

1.中元节祭祖

旧时，在民间有"七月奉鬼"的说法，从七月初一开始，就有"开鬼门"的仪式，月底还有"关鬼门"，人们会举行普度布施活动祭奠先祖。②中元节祭祖是处暑前后的一个重要习俗，人们会用烧纸钱的方式，表达对已故亲人的怀念。

❷行为描写　对中元节人们的一些祭祖行为进行简单刻画，表达了人们对已故亲人的怀念。

2.拜土地

处暑也是田里的庄稼丰收的大好时节，"处暑满地黄，家家农事忙"，一些乡村地区还流传着拜土地爷的风俗。处暑这天，农民们会在土地庙里摆好祭品，拜谢土地爷给大家带来的好收成，或是在田里插上高高的旗幡以示感恩。最有趣的是，这天，农民们从田里干活回家都不洗脚，以免把丰收的好运气洗掉。

3.处暑看云

③处暑之后，天气渐渐转凉，太阳直射的位置向南偏移，太阳的辐射强度正在逐渐减弱。我国从北往南正逐步告别雨季，迎来一年当中秋高气爽的好季节。此时天高云淡，正

❸解释说明　本段解释了为什么处暑之后可以看云，因为太阳直射变化所以此时天高云淡，非常凉爽。

是出游赏秋的大好时节。由于天空的能见度很高，轻薄的云朵不断地变幻着各种各样的姿态。“七月八月看巧云”，“习习和风起，采采彤云浮”，天上云卷云舒成为处暑时节的一道独特的风景线。

4.中元节放河灯

[1]中元节又称“盂兰盆节”，是祭奠祖先和已故亲人的节日，中元节放河灯也是处暑时节最重要的一项活动。

有一些河灯做成莲花形状，因此河灯也被称为“荷灯”。一般是在河灯的底座上点燃蜡烛，在中元节的晚上放在河中，任其顺水飘荡，以表达人们对已逝亲人的悼念。同时，也是为活着的人们祈福。

放河灯是汉族特有的传统，早在原始社会，汉族先民们就学会了用火，他们对火有着无限的崇拜，认为火是战胜寒冷和饥饿的天神。在沿海地区，每当渔民们要出海捕鱼，他们都会用木头和竹子做成小船，上面放上蜡烛和供品，让小船顺水漂流，以求海神保佑平安。[2]春秋战国以后，放河灯的形式逐渐演变成对战争中阵亡的将士们的祭奠。直到今天，在我国的许多地方仍然保留着中元节放河灯的习俗。

5.开渔节

对于生活在海边的渔民来说，每年的处暑时节，正是水产品收获的季节。此时海水的温度冷热适宜，鱼群会停留在海域附近，鱼虾贝类也处于成熟期。因此，每年的处暑之后，沿海地区进入开渔期，允许撒网捕鱼。渔民们在休渔期结束当天，都会举行盛大的庆祝活动，希望能在即将到来的出海捕鱼活动中获得大丰收。

6.处暑的味道

[3]中国人的饮食与时令有着密不可分的联系，处暑时节也有它特有的美食。

❶引起下文

本段在文中起着引出下文的作用，为下文描述“盂兰盆节”的活动埋下伏笔。

❷叙述说明

从这里的叙述可以看出，放河灯的习俗从古代一直沿袭至今，也说明人们对这个节日的重视。

❸引起下文

开头便采用总结性的话语，以此来引出下文，为读者介绍处暑时人们的饮食变化。

注释

密不可分：形容十分紧密，不可分割。

处暑到来之后，虽然天气一天比一天凉爽，但我国南方的一些地区，还会继续处于高温天气控制之下。这时，由于降水减少，空气干燥，人们整天都会有口干舌燥的感觉，这就是所谓的“秋燥”。

①为了缓解这种秋燥现象，南方人很早以前就懂得用鸭子做出各种美食，尤其是在处暑之后食鸭，更能够起到滋阴、清热、防秋燥的作用。

❶叙述说明

不同地区在处暑时节的饮食方式是不相同的，由此也可以看出中国在饮食方面的包容性是很强的。

鸭肉性凉，能够化解燥气。因此，在处暑这天，许多地方都流行吃鸭子。鸭子的做法也花样百出，有白切鸭、荷叶鸭、百合鸭等。

在福州，人们一直有这样一个习俗，处暑这天，每个人都要吃一碗龙眼配稀饭。因为经过一个夏天的酷热，人们的身体中缺少能量，龙眼偏温性，具有补气血的作用。所以福州人认为，在处暑这天吃一碗加了龙眼的稀饭，最能祛燥热、益心脾，龙眼稀饭就成了处暑这天福州人餐桌上必不可少的美食。

②“处暑无三日，新凉直万金。白头更世事，青草印禅心。”处暑之后，秋意渐浓，时间正在把人们带进真正的秋天。

❷引用

本段引用诗句，生动形象地说明了时间将人们带进了凉爽的秋天。

三、相关故事

处暑的传说——融工大战

精卫填海的故事，大家一定都听过吧。精卫是炎帝的女儿，她还有个哥哥名叫祝融，相传祝融是炎帝的第一个儿子。祝融天赋异禀，聪明无比，相传是他发明了“击石取火”，使人们摆脱了保留火种的困难，让生活更加便利。祝融经常协助父亲炎帝料理政务，因此受到部落族人的爱戴。

③自从精卫溺死于东海以后，炎帝伤心欲绝，整天沉浸在悲痛之中，不能处理政事。这时，祝融就代替父亲全权处

❸行为描写

在父亲伤心欲绝的时候，祝融是如何代替父亲处理国家大事的呢？引起读者的阅读兴趣。

理国家大事。

后来，炎帝部落与黄帝部落合并在一起，共同打败蚩尤，建立了华夏族。祝融被封为火神，主管火正和夏暑季节。[①]祝融凭借自己的才能很快成为黄帝身边最受信赖的大臣之一，同时，也受到百姓的称赞，他的威信与日俱增。

部落中有一个掌管洪水的大臣名叫共工，他看到祝融的事业蒸蒸日上，心里非常嫉妒。他想："水、火本是世间不可缺少的两个东西，现在火神祝融受到大家的赞扬，而自己作为水神却受到冷落，这岂不是太不公平了吗？"

终于有一天，忍无可忍的水神共工带领手下的虾兵蟹将向火神祝融发起进攻。霎时间浊浪腾空，天昏地暗。祝融也不示弱，他利用手中的大火，打得共工落荒而逃，退回大海中。[②]可是祝融没有停止进攻，他乘胜追击想要狠狠地教训一下共工。共工仓皇逃到天边，看到自己无路可退，气急败坏的共工撞倒了不周山。这可惹下了大祸，不周山本是一根擎天的柱子，现在不周山倒了，天立刻塌了一个大洞，天河之水汹涌而出，大地陷入一片混乱之中。

黄帝得知此事，命人将祝融抓了起来准备处死。祝融也深知自己因一时冲动，给黎民百姓带来了灾难，他甘愿受罚。临死前，他向黄帝请求，希望自己死后，能够将魂魄留下，放在莲花上顺流漂荡，召领那些死去的亡魂，以此为自己减轻罪孽。

因为祝融是掌管夏暑的火神，所以人们就把他被处死的这天称为"处暑"。[③]这一场"水火不容"的战争发生在农历七月，滔天的洪水让世间尸横遍野，因此，人们也会在农历七月祭奠亡人，表示对他们的怀念。其中，农历七月十五中元节祭祖的习俗一直流传至今。

❶叙述说明

可以看出祝融凭借自己的努力和聪颖，在仕途上为自己打下了一片天地。

❷行为描写

聪明的祝融没有想到这一追击却让事态发生了巨大的变化，由此可见，他性格中存在着冲动的因子。

❸叙述说明

对中元节祭祖的习俗进行概述总结，可以看出这项活动的重要性。

烧纸的由来

相传在东汉时期,蔡伦改进了造纸术,造纸行业由此兴盛起来。许多人都开设造纸作坊,赚了不少钱。蔡伦的哥哥蔡莫也想学习这门手艺挣钱。他和妻子慧娘商量,准备向弟弟蔡伦学习造纸技术。蔡伦看到哥哥来学技术当然高兴,毫无保留地悉心教授。可是,蔡莫急于求成,只学了一点儿皮毛就回家开起了造纸作坊。由于技术不过硬,蔡莫生产的纸质地粗糙,颜色泛黄,很不耐用,大家都不买他家的纸。这下子,蔡莫家里的纸积压了一屋子,不但没有赚到钱,反而有赔本的危险。①慧娘看着这些卖不出去的纸,心里非常着急,她和丈夫商量,一定要想个好办法把这些纸卖出去。

❶设置悬念　慧娘究竟会想到什么妙招将纸卖出去呢?引起读者的好奇心,推动故事情节发展。

一天晚上,邻居们突然听到蔡莫家里传来哭声,大家来到他家一看,发现屋子里停放着一口棺材,蔡莫说,慧娘得了暴病刚刚去世。只见蔡莫一边痛哭,述说慧娘得了暴病刚刚去世,一边烧着自家生产的黄纸。众人感到奇怪,正想问为什么要烧这些纸,只听棺材里有响动,蔡莫打开棺材,慧娘竟然从里面坐了起来。邻居们吓得大惊失色。慧娘告诉大家,自己刚刚在阎王殿里走了一圈。因为有钱打点,所以,阎王就把她放回来了。大家忙问,阴间哪里来的钱呢?慧娘指着蔡莫烧的黄纸说:“这就是阴间的钱,有了这些纸钱,在阴间才能过上舒服的日子。”

大家听了纷纷来买黄纸,烧给去世的亲人,蔡莫家的黄纸一时供不应求。因为慧娘还阳的这天是农历七月十五,②从此以后,七月十五烧纸祭祖的习俗就在民间流传开了。

❷总结全文　这句话起到了总结全文的作用,使得文章结构更加紧凑、完整。

精华赏析

本章主要讲述了处暑时节人们生活习惯发生的变化，气温的变化，等等。其中祝融的故事最令人难忘。作者用细腻生动的语言将当时的景象活灵活现地呈现在读者眼前，同时，也解释了中元节祭祖的由来，令人印象深刻。

延伸思考

1.处暑时节，人们在饮食上有什么变化？

2.简要概述祝融的性格特征。

3.为什么祝融要代替父亲处理国事？

相关评价

本章主要讲述了处暑的准确时间以及气温的变化，同时用大量笔墨讲述了这个时节不同地区的人们在饮食结构上发生的变化。最后列举了几个故事，解释了中元节祭祖的由来。文章语言严谨，结构完整，非常不错。

白 露

名师导读

白露过后，天高云淡、气爽风凉，昼夜温差较大，夜间会感到一丝丝的凉意，秋意明显浓了。

一、什么是白露？

白露是二十四节气中的第十五个节气，也是9月的第一个节气。

每年的9月7日至9日之间，太阳到达黄经165°，这时即为白露。①此时气温已转凉，昼夜温差越来越大，夜晚由于气温低，水汽凝结，清晨时分，我们就会发现在室外的地面或植物叶子、茎秆上会产生许多晶莹剔透的水珠，这就是露珠。那么为什么要把秋天的露珠称为白露呢？原来，古人把春、夏、秋、冬四季与金、木、水、火、土五行相互匹配，秋季属金，而金色白，因此秋露也称为白露。

❶叙述说明　对白露时节的气温变化进行概述，可以看出这时候秋意已越来越浓了。

到了白露时节，虽然白天中午的气温还是很高，有时能达到三十多度，但是在清晨和夜晚，气温会降到二十几度甚至更低，温差能达到十多度。到了白露，天气已经有了明显的凉意。这时盛夏高温已经彻底走开，秋天正式来临。

“白露秋风夜，一夜凉一夜”。由此可见，白露之后夜晚的气温会变得越来越低，降温速度也越来越快。俗话说：②“处暑十八盆，白露勿露身。”到了白露时节，再也不能像夏天那样每天都要冲凉。这时要注意保暖，不能赤裸身体，以免受凉。

❷引用　作者在这里引用俗语，告诫人们在白露过后一定要注意适当保暖，不然非常容易生病。

白露之后“鸿雁来，玄鸟归，群鸟养羞”，自然界中的动物们也随着时令的变化行动起来。大雁启程飞往南方去过冬，小燕子也要收拾行囊返回南方的老家避寒。不能飞走的留鸟们也开始早早地准备过冬的食物。

①“白露白迷迷，秋分稻秀齐。”白露时节之后，北方地区的庄稼进入收获期，南方的晚水稻也开始抽穗扬花，即将迎来丰收的季节。

①叙述说明

对白露时节农事上的变化进行概述，可以看出这时候是收获的日子。

二、白露的习俗

“露从今夜白，月是故乡明”，唐朝大诗人杜甫的这首《月夜忆舍弟》中所说的“露”是指露珠，而这个生起露珠的时节就是白露。从白露时节开始，秋天的韵味更浓了。从许多习俗中，我们也能体会出秋天的味道。

1.祭禹王

②白露时节正是农民们丰收的季节，各个地区都有不同的庆祝活动，其中以江苏太湖地区的祭禹王活动最为著名。每到白露时节，太湖地区的民众都要举行拜祭禹王的庙会，历时一周。同时，人们还要拜祭姜太公、土地公、花神、门神等各路神仙，祈求诸神保佑万事兴顺。

②设置悬念

白露是丰收的象征，在江苏太湖地区的人们是怎样庆祝的呢？引起读者的阅读兴趣。

2.吃龙眼

白露时节人们也很注重养生，有很多传统习俗都与食物有关。

在福州有个传统，白露这天必须吃龙眼。龙眼也称“桂圆”，它既是一种水果，也是一种营养丰富的滋补品，具有补气血、壮阳气的养生功效。据说在白露这天吃一颗龙眼，相当于吃一只鸡，可见白露吃龙眼对身体具有大补的奇效。

读书笔记

更有意思的是，人们还会在白露这天吃番薯丝。番薯俗称地瓜，无论是南方还是北方，它都是餐桌上常见的食物。白露这天，南方一些地区的人们会吃番薯丝，他们认为在这天吃了番薯丝会治好胃酸的毛病，今后再吃番薯也不会犯胃酸。

3.白露茶

爱喝茶的人都讲究喝“明前茶”，清明节之前采的茶清香怡人。[1]在南京，人们对喝茶还有一种传统，就是喝“白露茶”。茶客们认为，清明时节的茶虽然好喝，但是也有它的缺点，春茶嫩不禁泡。所以他们更喜欢喝白露茶，因为在白露时节，天气转凉，茶树经历了夏天的酷暑之后，进入最佳生长期，这时采下的茶叶既不会像春茶那样清淡，也不会像夏茶那么苦涩，“白露茶”清香甘醇，入口之后会有一股奇特的香味在唇齿之间萦绕。这也是“白露茶”备受青睐的原因之一。

❶承上启下

本句在段中起着承上启下的作用，引出对“白露茶”的解释，推动情节发展。

4.白露酿米酒

[2]在南方，有一种“白露米酒”更与白露时令有着密不可分的关系。据说，这种米酒用的水是白露露水，其中以白露当日荷花上的露水最为珍贵。

❷设置悬念

为什么“白露米酒”与白露时节有着密不可分的关系？引起读者的阅读兴趣。

《水经注》中记录了这种米酒的制作方法。它的酿造过程非常复杂，从制酒用的水，到制酒工艺都非常独到，而且选定的节气也很有讲究。到唐朝，这种米酒格外盛行，就连到大唐来学习的日本人也喜欢这种酒，并带回了国。日本米酒的酿造方法就是沿袭了唐朝白露米酒的酿造方法。直到现在，依然有很多人会在白露这天亲自酿造米酒，用以招待客人。

5.十样白

[3]在浙江温州、苍南等地区，人们还有在白露之日采集“十样白”的习俗。究竟什么是“十样白”呢？其实，这“十样白”是指十种中药，即白芍、白及、白术、白扁豆、白莲、白茅根、白山药、百合、白茯苓、白晒参。它们与白露都有一个相同的“白”字，所以民间一直有用“十样白”炖乌鸡、鸭子或猪肘的传统。据说，在白露当日食用能够祛风湿，滋养身体。

❸设问

本句采用设问的修辞手法，有问有答，丰富文章结构，使得文章更具有可读性。

三、相关故事

白露与盐

[①]在民间流传着一个关于白露的传说。

很久很久以前，皇宫里有一位手艺高超的厨师名叫白露。一天，皇帝命他到大殿上来问话，皇帝指着面前一大桌子的美味佳肴问白露："皇宫里什么最好吃？"其实，这是皇帝想展示一下眼前的美食，可是白露却只说了一个字："盐。"皇帝一听，气得大发雷霆，连老百姓都能吃得起的盐竟然能成为皇宫里最好吃的美味，这不是明摆着藐视皇权吗！于是皇帝下令将白露推出去斩首。[②]就这样，可怜的白露因欺君之罪被斩首，而且皇帝还下旨，让御膳房七天之内不准用盐，皇帝根本不相信盐会是世界上最好吃的东西。

御膳房按照皇帝的命令，做饭时再也不敢放盐，每道菜都变得索然无味，犹如清汤白水一般。一天、两天、三天，皇帝每天都吃这样不加盐的饭菜，到了第七天，他连说话的力气都没有了，看见桌子上的饭菜就想吐。这时，皇帝才明白，为什么白露会说天下最好吃的东西是盐。没有盐，哪里还有什么美味呢？

皇帝知道自己错杀了白露。但是作为一国之君，他怎么能承认自己错了呢？于是，皇帝提笔写下"错斩露七日已无天日"这几个字，来表达自己的惭愧之意。正巧，这时一位大臣走进来，向皇帝汇报工作，皇帝担心让人看见自己的悔意，连忙把写着这几个字的纸烧掉了。[③]不料，这张烧纸被神仙土地公公收到了，土地公公把这件事向玉皇大帝做了汇报，玉帝批准给人间再增添一个时节，以此来纪念白

❶引出下文

本句在文中起着统领全文，引出下文的作用，使得文章结构清晰明了，非常完整。

❷叙述说明

这段话直接反映了当时皇帝的权威是至高无上的，人们不能有丝毫违背。

❸叙述说明

这几句话起到了总结整个故事的作用，这就是白露时节的由来了。

注释

索然无味：形容呆板枯燥，一点意味或者趣味都没有，使人失去兴趣。

露，并把这个时节叫作白露。

禹王的传说

禹王，就是指大禹，它是黄帝的玄孙，因为治水有功，成为人们心目中的大英雄，并与尧、舜一起，被人们称为古圣帝王。在江南地区，大禹被百姓们称为“河神”“水路菩萨”。

[1]大禹是一位非常有能力的政治家，他是原始社会时期最后一位禅让制下的首领，也是夏朝的开国国君。同时，大禹还是一位优秀的水利工程师。远古时代，黄河经常泛滥，大禹带领民众，经过十三年的努力，终于取得治水的胜利。在治水过程中，他“三过家门而不入”，亲自翻山越岭视察河道。大禹还改革了治水方法，把原来的“堵水”改为“疏导”，开山凿渠，引河入海，从根本上治理了三江，使沿岸百姓过上了安居乐业的生活。

❶叙述说明：对大禹的丰功伟绩和能力进行歌颂，可是他又和白露节有什么联系呢？让我们接着往下读吧。

传说在大禹治水来到太湖地区时，太湖里出现了一只水怪——鳌鱼。它在太湖里兴风作浪，危害沿岸人民的生活。[2]大禹亲自上阵，指挥众人将鳌鱼锁在太湖湖底永不见天日，从此太湖地区风调雨顺，成为“鱼米之乡”。

❷叙述说明：这里解释了为何太湖至今还被称作“鱼米之乡”，丰富了文章内容。

太湖地区的百姓把大禹称为“水路菩萨”，每年的白露时节，人们都会举行祭奠禹王的香会，不仅是为了庆祝丰收，同时也是为了祈求禹王保佑一方平安。

秦始皇就曾亲自到大禹的故乡浙江会稽（今天的杭州市）拜祭禹王。从宋代开始，白露时节祭禹王被列入国家重要大典当中。[3]明清两朝，祭禹王的制度最健全，典礼仪式也最隆重。康熙和乾隆两位皇帝都曾到过会稽祭拜禹王。直到今天，太湖地区的渔民还会在白露时节，来到禹王庙进香祈福，求禹王保佑即将开始的捕鱼季节能获得好收成。

❸正面描写：通过康熙和乾隆对大禹的祭拜，直接凸显了大禹的威望和能力。

与白露有关的诗篇

在我国浩如烟海的诗歌当中，以白露为题目的诗词也非常多，其中不乏佳篇名句流传至今。

《国风·秦风·蒹葭》

蒹葭苍苍，白露为霜。
所谓伊人，在水一方。
溯洄从之，道阻且长。
溯游从之，宛在水中央。
蒹葭萋萋，白露未晞。
所谓伊人，在水之湄。
溯洄从之，道阻且跻。
溯游从之，宛在水中坻。
蒹葭采采，白露未已。
所谓伊人，在水之涘。
溯洄从之，道阻且右。
溯游从之，宛在水中沚。

早在三千多年前，在我国第一部诗歌总集《诗经》中，就记录了描写白露的诗歌。后来由于电视剧《在水一方》的播出，这首优美的诗歌《蒹葭》更是家喻户晓，耳熟能详。

①继《诗经》之后，我国的历代大文豪也写出了许多描写白露的佳作。

❶ 承上启下

本句在文中起着承上启下的作用，总结前文《诗经》中关于白露的细节，引出下文唐诗中的“白露情结”。

《玉阶怨》

李白

玉阶生白露，夜久侵罗袜。
却下水晶帘，玲珑望秋月。

②全诗不见一个“怨”字，却已把深闺愁怨浸透纸背，情

❷ 叙述说明

对这首诗进行简单的评价，凸显了作者对秋夜的怨念，引起读者的共鸣。

思婉转中让人们感受到了秋夜中的幽怨。

《月夜忆舍弟》

杜甫

戍鼓断人行，边秋一雁声。
露从今夜白，月是故乡明。
有弟皆分散，无家问死生。
寄书长不达，况乃未休兵。

①秋天，总会让人产生无尽的思念之情——思念亲人，思念故乡。在杜甫的这首诗中，思乡念人之情感人至深，别有一番滋味在心头。

①概括说明

本段是文章的最后一段，回归到秋天，给人萧瑟的感觉，思念亲人之情便涌上心头。

精华赏析

本章对白露时节的状况进行了详细描述，让读者了解到这个时节对人们生活产生的影响，从饮食特点到风俗习惯都一一囊括。除此以外，通过对大禹故事的讲述，让读者了解到了太湖为什么被称为“鱼米之乡”，拓宽了读者的知识面。

延伸思考

1.为什么人们在白露这一天要吃地瓜？
2.什么是“白露茶”？

相关评价

本章对白露时节天气的变化、人们饮食结构的变化、风俗习惯的不同等方面进行概述，让读者全方位地了解到白露时人们的生活习性。同时作者引用了《诗经》和唐诗中的诗篇，让读者更进一步了解了白露这个节气。

秋　分

名师导读

2018年6月21日，国务院关于同意设立“中国农民丰收节”的批复发布，同意自2018年起，将每年秋分设立为“中国农民丰收节”，节日活动主要有文艺会演和农事竞赛。

一、什么是秋分？

“秋分客尚在，竹露夕微微”，在唐代诗人杜甫的《晚晴》中所提的“秋分”，就是我们二十四节气中的第十六个节气——秋分。

秋分中的“分”字，有半的意思。在《月令七十二候集解》中，[①]对秋分有这样的描述：“分者平也，此当九十日之半，故谓之分。”也就是说，在秋季的九十天里，秋分这天正是一个中分点，它平分了整个秋季。

秋分也是一个很有意思的节气，每年的9月22日至24日之间，太阳到达黄经180°，几乎直射赤道，因此这一天的24小时昼夜平分，各占12小时。在这一天里，南北半球都没有极昼或极夜现象。过了秋分之后，太阳直射的位置逐渐向南偏移，北半球的白天从此越来越短，夜晚越来越长。

[②]我国古代将秋分划分为三候：

一候雷始收声。古时候，人们认为雷声是由于阳气过盛而形成的。秋分之后，阳气衰退，阴气旺盛，所以雷声也渐渐停止了。

二候蛰虫坯户。秋分之后，天气转凉，小虫子们纷纷钻

❶ 引用

通过引用的古代文献，可以看出古代人民通过自己的计算方法已经知道了秋分时的天文变化。

❷ 引出下文

本句在文中起着引出下文的作用，引出下文对三候的解释，丰富文章内容。

进土里开始了蛰居生活，而且它们会用细土把洞口封住，阻挡外面的冷空气进入。在这里，“坯”就有细土的意思。

三候水始涸。秋天气候干燥，地表水蒸发得很快，并且在秋分之后，降水量明显减少，一些河流、湖泊中的水量也随之减少，有的甚至出现干涸的现象。

二、秋分的习俗

①秋分是一个很有意思的节气，从此之后，秋天才正式登台亮相。在这个具有代表性的时节中，我国民间流传着许多与秋分有关的习俗。

1.祭月

在古代，人们在秋分这天会举行祭月的仪式，这是我国非常古老的习俗之一。据史料记载，早在周朝时期，我国的古代帝王就有“秋分祭月”的习俗。但是，后来人们发现，在秋分这天并不是每年都会出现满月的现象，有的年份甚至无月可祭，而与秋分相近的农历八月十五正是圆月当头，于是“秋分祭月”就和“八月十五赏月”融合在一起。到了魏晋时期，原先严肃的祭月仪式已经发展成为轻松的赏月活动。②尤其是到了唐代，中秋赏月非常盛行。从宋代时起，中秋已成为一个节日，举国欢庆，热闹非凡。

2.候南极

南极是指南极星，是靠近南天极的肉眼可见的恒星。对于生活在北半球的人们来说，南极星只能在每年的秋分之后才能见到，而且一闪而过，速度极快。因此，在我国古代就有秋分时节“候南极”的习俗。

南极星在我国的古代神话故事中也被称为“南极星君”或“南极仙翁”，南极星君是元始天尊座下大弟子。因为它列在二十八星宿之首，而且主寿，所以它也被称为“寿星”。相传每年的秋分，南极星君都会捧着寿桃出现在天空，能看到这颗“寿星”是吉祥的象征。因此，我国历代的皇帝都会

❶设置悬念

为什么作者在这里说，秋分是一个很有意思的节气呢？引起读者的阅读兴趣。

❷叙述说明

在秋分时节会迎来中秋这一个热闹非凡的节日，古往今来，人们都非常重视中秋节。

在秋分这天的清晨，率领文武百官到郊外迎候南极星君，以祈求国泰民安。

3.送秋牛

在古代，由于科技水平落后，因此牛被农民视为最重要的财产和工具。在民间，每到秋分这天，村子里都会出现一些卖艺的人，[1]他们走街串户，给农民家里送“秋牛图”，而且还会说些庆祝丰收之类的吉祥话，以讨得主人家的欢喜，此时主人家都会拿出些赏钱送给这些艺人，这就是秋分时节的习俗——送秋牛。

卖艺人所送的“秋牛图”，其实，就是在红纸或黄纸上印上二十四节气图，还有一些农夫耕田的图画。送图的卖艺人要能言善辩，每到一户人家都要即兴发挥，根据当时的情景编出合适的词句。这样，主人才能高兴地买走这张“秋牛图”。有些地方也把这种形式称为“说秋”，说秋的艺人被称为“秋官”。

庆祝丰收是千百年来不变的传统，人们以此来表达对五谷丰登、国家兴旺发达的祈福。[2]2018 年经国务院批准，我国正式将每年的秋分定为“中国农民丰收节”，这体现了党和国家对广大农民的关怀与重视，并弘扬和推动了中华传统文化的继承和发展。

❶行为描写

对“送秋牛”这一行为进行解释，与春天时送“春牛图”的行为相互呼应，使得文章结构更加完整。

❷叙述说明

这里通过插叙的描写手法，说明了如今秋分也已经受到了国家的重视，我们应该弘扬中华传统文化节日。

三、相关故事

嫦娥奔月

中秋之夜，喝酒赏月是人们必不可少的活动。另外，中秋拜月也是中秋节里一项非常重要的活动。中秋之夜，皓月当空，全家人围坐在一起，边吃边聊，其乐融融。嫦娥与

注释

能言善辩：意思是能说会道，有辩才。

后羿的故事就是中秋节里大家百谈不厌的故事。

相传在远古时代，天上出现了十个太阳，灼热的阳光烤得大地寸草不生，老百姓苦不堪言。一位叫后羿的射师自告奋勇要去射日。他登上昆仑山顶峰，拉开神弓，随着一支支白色的箭向天上飞去，九个太阳应声落下。大地恢复了往日的平静，百姓们又可以自由地生活了。后羿射日立下了伟大的功勋，受到百姓们的爱戴。①后来，后羿娶了美丽的嫦娥做妻子，夫妻二人相敬如宾，人们都非常羡慕这对郎才女貌的恩爱夫妻。

❶叙述说明

从这里的描述可以看出夫妻二人非常恩爱，与后来的故事情节发展形成鲜明的对比。

作为一名射师，后羿有着高超的技艺，很多人慕名而来向他学艺。在后羿的学生中有个叫逄蒙的人，他是一个心术不正的小人，他非常嫉妒后羿的才能。

一天，后羿去昆仑山访友，正巧遇到了王母娘娘。后羿向王母娘娘讨来了可以长生不老的神药。只要吃下此药，后羿立刻就能得道升天成为神仙。

后羿回家之后，看到妻子嫦娥，他不忍心丢下妻子去当神仙，于是后羿把仙药交给嫦娥保管。嫦娥把药藏在梳妆台的百宝箱中。

❷设置悬念

贪婪奸诈的逄蒙是否将神药偷走了？引起读者的阅读兴趣。

②逄蒙听说师傅后羿有长生不老的神药，他想伺机偷走。一天，后羿带学生们进山打猎，逄蒙假装生病留在家中。后羿走后，逄蒙拿着宝剑闯进嫦娥的房间，让她交出长生不老药。嫦娥担心神药被逄蒙抢走，情急之下，她从百宝箱中取出长生不老药，一口吞进肚子里。只见这时嫦娥轻轻地飞起来，从窗口飞向天边。嫦娥不想永远都看不到后羿，于是她选择了留在月亮上生活，因为月亮是离人间最近的天宫。

几天后，后羿打猎归来，听仆人们说了此事，他气得暴跳如雷，到处寻找逄蒙报仇。可是胆小的逄蒙早就逃得不知去向。

悲痛欲绝的后羿对着月亮呼唤着嫦娥的名字，那晚的月亮又大又圆，远远望去，好像能看到嫦娥正在月宫里面遥望人间。[①]后羿激动地向月亮奔去，但是月亮永远挂在天上，任凭他怎么努力都无法追上。后羿只好在后花园里摆上香案，上面放满嫦娥最喜欢吃的东西，然后焚香遥拜，寄托自己的思念之情。百姓们听到嫦娥奔月成仙的事情，纷纷在家里摆上香案，祈求嫦娥保佑大家平安幸福。

嫦娥奔月的日子正是农历八月十五。从此以后，八月十五中秋拜月的习俗就在民间流传下来。

❶行为描写

通过后羿追月这一行为凸显了夫妻二人感情之深，让人读来不禁为之落泪。

中秋拜月

[②]在我国其他一些地区，还流传着另一个关于中秋拜月的传说。

❷引出下文

本句在文中起着引出下文的作用，引起读者的阅读兴趣。

相传在古代的齐国，有一位相貌丑陋的女子，名叫钟离春。因为她是无盐人（今山东东平），因此，历史上也称她为"丑女无盐"。据传说，钟离春是有名的四大丑女之一。但是，她自幼聪慧过人，文武双全。

战国时期，天下纷乱，诸侯割据，齐国的齐宣王是一个整日花天酒地，不理朝政的国君，齐国正处于随时被吞并的危险当中。这天正逢中秋佳节，齐宣王在宫中大摆宴席，许多美貌的女子载歌载舞陪伴左右。正当大家喝酒行乐时，钟离春来到齐宣王面前拜见大王，她用猜谜的形式向齐宣王陈述了国家的危急形势，力劝齐宣王远离女色和小人，以振兴国家为重。钟离春表示愿意留在宫中侍奉齐宣王，以此证明齐宣王的德行端正。

读书笔记

刚开始时，齐宣王对眼前这个相貌丑陋的女子并不在意，但是听她说完这番话，齐宣王不禁仔细打量起钟离春。当晚正是月圆之夜，在皎洁的月光下，齐宣王觉得钟离春气质非凡，于是就封她为王后，辅佐自己治理国家。

在钟离春的帮助下，齐宣王励精图治，把齐国发展成为强大的战国七雄之一。[③]丑女钟离春也因过人的胆识，以及

❸总结全文

这段话起到了总结全文的作用，与开头前后呼应，使得文章结构更加完整统一。

超众的聪明才智为后人所称赞。后来，人们为了纪念钟离春，每到中秋节，都会举行拜月仪式。

少数民族的拜月传说

❶设置悬念……为什么中秋节不仅仅要赏月，还要祭奠英雄岩尖呢？他为百姓做出了怎样的贡献呢？

除了汉族有中秋拜月的习俗之外，在我国的少数民族地区也有中秋祭月、赏月的风俗。①每到中秋节这天，傣族人民也会举办隆重的赏月活动，以此祭奠英雄岩尖。

相传在很久以前，傣族的族长有两个儿子，大儿子叫岩底，小儿子叫岩尖。族长死后，岩底继承了父位成为族长。但是岩底非常残暴，在他的统治下，百姓生活在水深火热之中。一次，邻族入侵，岩底竟然不顾百姓的安危弃城而逃。危难时刻，弟弟岩尖挺身而出，带领全城百姓打败了敌人，保住了家园。没过多久，逃跑的岩底回来了，他要继续当他的族长。但是百姓不愿意再被他压榨，他们发动起义赶走了岩底，推举岩尖成为新族长。

❷总结全文……这句话起到了总结全文的作用，使得文章结构更加完整，也让人们铭记英雄岩尖。

岩尖做了族长之后，经过十几年的努力，终于使傣族人民过上了丰衣足食的好日子。但是不幸的事情发生了，岩尖得了重病，不久便离开了人世。传说岩尖死后升上天空，变成了月亮。②所以每到中秋节的晚上，傣族的小伙子都会向天空鸣枪，祭奠英雄岩尖。

本章主要讲述了秋分时节的故事。可以看出不管是古代还是现今，人们对于中秋节都非常重视。古时有“春祭日，秋祭月”的民俗活动，秋分曾是传统的“祭月节”（中秋节），中秋节由秋夕祭月演变而来。通过作者的描述，读者也更进一步了解了秋分这个节气背后的故事。

延伸思考

1.什么时候秋分被设为“中国农民丰收节”？

2.是谁想偷后羿的神药？

相关评价

本章主要从天气特点、饮食习惯、风俗习俗等多个方面，向读者讲述了秋分背后的故事，语言生动细腻、感情丰富，特别是在讲述嫦娥和后羿的故事时，更是让人不禁落泪。同时，文章结构完整，脉络清晰，非常具有借鉴意义。

寒露

名师导读

寒露过后，我国南方大部分地区气温继续下降。西北高原除了少数河谷低地以外，用气候学划分四季的标准衡量，已是冬季了，千里霜铺，与南方秋色迥然不同。

一、什么是寒露？

每年的公历10月7日至9日，太阳到达黄经195°，此时就是二十四节气当中的第十七个节气——寒露。

顾名思义，到了寒露节令气温就要比白露时低很多，清晨的露水也凝结成霜。俗话说："寒露寒露，遍地冷露。"就是寒露节气的真实写照。

[1]如果说，白露是由暑热转向凉爽的标志，那么，寒露就是由凉爽转为寒冷的过渡。寒露之后，太阳的直射点继续向南移动，北半球的白昼越来越短，接受的光照时间也越来越少，因此气温也逐渐降低。从寒露时节起，炎热基本消失，各地都已经进入秋季，在东北和新疆北部的一些地区已经下起了第一场雪，冬天的脚步已悄悄来临。

❶叙述说明 通过气候的变化来说明寒露来临时的景象。此时，气温基本已转冷，秋天离去的脚步越来越匆忙。

寒露是从每年的10月上旬开始到10月中旬结束，古代历法中将寒露分为三候。

读书笔记

一候鸿雁来宾。从寒露时节开始，随着气候转凉，北方的大雁又踏上南迁的征途。它们成群结队排成人字形或一字形向南飞去。

二候雀入大水为蛤。天气渐冷，不能飞到南方过冬的雀鸟们也躲在窝里很少出来。这时，正值海里的贝类到了成熟的季节，有种蛤喇的外壳上有深深浅浅的条纹，很像雀鸟的羽毛，所以古人就认为雀鸟潜入水中变成蛤喇。

[1]三候菊有黄华。寒露之后，菊花争相绽放。“待到秋来九月八，我花开后百花杀。冲天香阵透长安，满城尽带黄金甲。”黄巢的这首诗最能体现菊花开放时的盛况。

1 引用 通过引用诗句来说明菊花盛开的繁茂，也说明这个节气带来的气温上的变化。

二、寒露的习俗

寒露时节秋风瑟瑟，草木凋零，这个二十四节气中第一个出现“寒”字的节气，带给人一种悲凉的感觉。登高远望，“看万山红遍，层林尽染”，这也是一个“万类霜天竞自由”的大好时节。在我国的不同地区，寒露时节的风俗也有不同的花样，人们用不同的方式送走秋天，迎接冬天。

读书笔记

1.吃花糕

在寒露时节有一个特别重要的节日——重阳节。重阳节吃花糕，这个传统已经延续了几千年。据《西京杂记》中记载，在汉代民间就有了“九月九日吃篷饵”的习俗。篷饵就是用黍米做的糕，这就是重阳花糕的雏形。因“糕”与“高”谐音，有吉祥之意，因此，吃花糕的习俗一直流传到今天。

2.重阳登高

每年的重阳节一般都在寒露前后。这时，天气凉爽，非常适宜外出游玩、爬山，因此重阳登高也成了寒露时节的一个重要习俗。

[2]在我国，早在战国时期就有了过重阳节的风俗。到了汉代，这种风俗开始在民间流传开来。唐代还颁布了法令，正式在民间举办重阳节的庆祝活动。到了明代，连皇帝都会在重阳节这天登上万岁山祈福。唐代大诗人王维的《九月九日忆山东兄弟》中“遥知兄弟登高处，遍插茱萸少一人”，就是描写了重阳登高时的思念之情。

2 叙述说明 由此可见重阳节的历史非常的悠久，我们青少年更应该为弘扬中华传统文化而努力。

3.菊花酒

寒露时节正是菊花盛开的时候。因此菊花酒成了重阳节必饮的“祈福酒”。据说，在重阳节饮菊花酒可以消除祸患，保佑平安。

[1]我国酿制菊花酒的历史可以追溯到汉魏时期，《西京杂记》就记载了菊花酒的酿制方法。晋代以后，饮菊花酒逐渐成为中国民间的一种风俗习惯，特别是重阳节，菊花酒更是必不可少的佳品。

古代的菊花酒是在头年的重阳节酿制，等到第二年重阳节才能喝到。据说，常喝这种酒可以延年益寿。因此，常菊花酒也被称为“长寿酒”。

由于菊花酒的缘故，重阳节又被当作祭酒神的节日。[2]在贵州省仁怀县茅台镇，每到重阳节，各个酒坊就开始下料酿酒，因为人们认为九九重阳是阳气最旺的时节，只有这天下料，常才能保证酿出的酒口感醇香。

三、相关故事

寒露与荞麦

寒露时节，各种农作物都已经收割入仓，但是有一种作物却只有等到寒露时节才会成熟，这就是荞麦。关于荞麦，在民间还流传着一段美丽的传说。

很久以前，在一座青山脚下住着一对老夫妻和他们的儿子，儿子的名字叫寒露。一家三口勤勤恳恳，以种田为生。儿子寒露生性憨厚，二十多岁还没有成家。夫妻二人为了这件事非常着急，四处托人为儿子说亲。

一天，他们听说邻村有个叫荞麦的姑娘生得心灵手巧，寒露娘想为儿子找一个聪明的媳妇，以免自己的憨儿子被人欺负。[3]所以夫妻俩准备去试试这个荞麦姑娘到底有多聪明。

[1] 承上启下
本句在文中起着承上启下的作用。那么，菊花酒有什么特色呢？让我们接着往下看吧。

[2] 举例子
通过贵州茅台的酿造时间和原因的例子，更进一步说明重阳酿酒具有深远的历史和可考究性。

[3] 设置悬念
心灵手巧的荞麦姑娘到底有多么聪明呢？引起读者的好奇心。让我们一起和老夫妻两人去看看吧。

这天，寒露娘拿着一块布来到荞麦家，她看到长得如花似玉的荞麦姑娘，心里便有了几分喜欢。她对荞麦说：“我老了，眼睛也花了，请你帮忙给我儿子做件衣裳。我们家里也不富裕，这块布我想做一件长衫，一件短外衣，还要做一个床单。”[1]荞麦看了看眼前的老妇人，不忍心拒绝，于是她接过布料，让寒露娘三天后来取。

转眼就到了第三天，寒露娘来取衣服，只见荞麦拿出一件长衫。寒露娘对荞麦说：“我要做的是三件东西，现在怎么只有一件呢？”荞麦不慌不忙地说：“您看，三样东西都在这里。”说着，她把长衫打开，然后从中间折上说：“这就是短外衣。”她又把长衫铺在床上说道：“您看，这就是床单。”寒露娘连声夸赞，果然是一位聪明的好姑娘。几天后，寒露家送来聘礼，荞麦答应了婚事。半年后，寒露和荞麦成了亲，两个人恩恩爱爱，日子过得非常幸福。

又过了几年，寒露的父母都去世了。这天，荞麦让寒露到集市上把织好的布卖掉。寒露把布放到马背上向集市走去。路上，他遇到一个秀才，秀才看到寒露憨憨的样子就想戏弄他一下。秀才走到寒露面前说道：“我实在走不动了，你能把马借给我吗？”寒露毫不犹豫地把马缰绳递给他。秀才临走时说：“我姓你所赠，日月本是名，住在半空里，月亮落村中。”寒露回家后，把秀才的话向荞麦说了一遍，荞麦想了想说：“明天你到大梁山半山腰的地方，找一个叫马明的人，把我们的马牵回来。”

第二天，寒露按照荞麦说的，果然在山腰的一个村子里找到了秀才。秀才很吃惊，忙问：“是谁让你找到这里来的？”当他得知是寒露的媳妇猜出了他的谜语时，秀才不禁对荞麦心生敬意。他看了看寒露，想和他再开个玩笑。[2]于是，秀才拿出一些东西对寒露说：“你把马牵回去吧，这些东

①行为描写

从荞麦姑娘接受老妇人的请求可以看出，她是一个乐于助人、心地善良的好姑娘。

②语言描写

从秀才的话语中可以看出他非常敬佩荞麦姑娘，打算再试探试探荞麦，看她能否再次解开他的谜题。

注释

如花似玉：像花和玉那样美好。形容女子姿容出众。

西也送给你。”

寒露拿着东西回到家，荞麦打开包裹，看到里面放着一枝鲜花、一根大葱，还有一个长得歪歪扭扭的大南瓜。荞麦一下子就明白了，这是秀才在讥笑自己“聪明伶俐的一枝花，配了一个大憨瓜”。荞麦越想越气，结果气大伤身，得了心脏病，没过多久就病故了。

①寒露思念妻子，整天在荞麦的坟前痛哭，他的眼泪落到地上，长出了一种红秆绿叶的植物，这种植物还能结出有棱有角的果实。寒露就把这种植物叫作荞麦。第二年，寒露把这些荞麦籽撒在田地里，想让荞麦陪着自己。荞麦成熟了，寒露也不收割，只任它肆意疯长。几年以后，寒露因思虑过重也去世了。这一年恰巧赶上大旱，庄稼颗粒无收，只有寒露家的荞麦长势喜人。人们把荞麦籽收集好磨成粉做成糕饼，味道很不错。村子里的人就靠这些荞麦面度过了饥荒。后来，人们为了纪念寒露，就把寒露去世的日子叫作寒露节。

②每到春天，人们会种上荞麦；寒露节的时候，荞麦就会成熟。人们都说，这是寒露与荞麦夫妻二人感情深厚，不愿分离的结果。

①叙述说明

从寒露在妻子去世后的一系列行为可以看出，他们夫妻二人感情非常深厚，令自然界都为之感动了呢。

②总结全文

本段作为总结性的段落再次升华感情，同时也解释说明了为什么人们在寒露节会收获荞麦。

吃花糕的传说

在一座村子里住着一位老伯，他非常勤劳，还爱做善事。一天晚上，老伯从田里回来，遇到一名赶路人，因为附近没有可以投宿的客栈，赶路人想在老伯家借宿一晚。老伯把赶路人让进家里，摆出很多好吃的东西招待他。第二天，赶路人临走时告诉老伯，九月初九你家里会有灾祸，现在一定要搬离这个地方，新家一定要选在没有草木的地方，而且越高越好。③老伯听了赶路人的话，把家搬到一个小山上，周围连一棵树都没有。

③行为描写

从老伯搬家的这一行为可以看出他非常相信赶路人的话。那么，后面会发生什么事情呢？

到了九月初九这天，村子里突然失火，很多人家的房子都被烧着了。大火顺着山势向小山上烧过来。多亏老伯听了赶路人的话，把新房子建在高山上，四周也没有能够引火的草木，这才免除了一场火灾。为了感谢这位救命恩人，老伯每年的九月初九都会爬山登高。①后来，人们觉得搬家和登高都很麻烦，于是就利用“高”和“糕”同音的特点，把九月初九登高改为吃花糕，希望能够消灾免祸。

❶总结全文

这句话在文中起着总结全文的作用。同时，也点明题意，说明了大家要在九月初九吃花糕的缘由。

重阳登高的传说

相传汉高祖刘邦的妃子戚夫人，因受到刘邦的宠爱而得罪了吕后。刘邦死后，戚夫人被吕后残害致死。有一个名叫贾佩兰的宫女，她是戚夫人的侍女。戚夫人死后，贾佩兰被迫出宫，嫁给普通百姓为妻。贾佩兰非常怀念在宫里的生活，经常和丈夫回忆宫里各种有趣的事情。②每年的九月初九，贾佩兰会按照宫里的习俗插茱萸，饮菊花酒。久而久之，大家也学着她的做法，就这样把重阳节的习俗从宫中传到了民间。

❷叙述说明

这里解释了重阳登高的习俗是怎样流传至民间的，使得文章内容更加丰富。

精华赏析

本章主要讲述了寒露时节人们的风俗习惯，同时用大量笔墨讲述了九月九重阳节时的庆祝活动，其中九月九登高山。吃花糕的故事也写得十分生动有趣，让人读来也想吃一口花糕呢！

延伸思考

1.简要概述荞麦的性格特征。

2.为什么九月九要吃花糕？

相关评价

本章主要讲述了寒露时节气温的变化，人们饮食习惯的变化，以及各地的不同风俗，语言生动细腻，特别是在讲到荞麦与寒露的故事时，语言质朴，寥寥几笔，便让读者感受到两人之间深厚的感情。在结构上，作者采用总—分—总的形式，让文章非常具有可读性。

霜　降

名师导读

霜降是秋季的最后一个节气，是秋季到冬季的过渡。霜降节气的特点是：早晚天气较冷、中午则比较热，昼夜温差大，秋燥明显。

一、什么是霜降？

霜降，顾名思义，从这个节气开始，天气变冷，霜也会随之出现。霜降在二十四节气中排在第十八位，也是秋季的最后一个节气，是秋天向冬天迈进的过渡期。

每年的10月23日至24日，太阳到达黄经210°，[①]此时天气逐渐变冷，夜晚散热更快，昼夜温差加大，有时凌晨时的气温会降到0℃以下，这时露水就会凝结成霜。

❶叙述说明　对霜降时的天气变化进行叙述。可以看出，这个时候温度已经很低了，秋天快要退场了。

霜是一种白色的冰晶，它是水汽在温度很低的情况下出现的凝华现象。从10月下旬起，天气渐冷，夜晚气温迅速下降，而植物的散热相对较慢，水汽仍然聚集在表面，在0℃以下凝结成白色的冰晶，有的如细细的冰针，有的似六角形的雪花，这就是霜。一般在日出之后，随着气温的升高，霜就会消失。[②]“枯草霜花白，寒窗月新影”，从秋季的第一场霜开始，就意味着冬天的脚步已经越来越近了，正所谓“寒露不算冷，霜降变了天”。

❷引用　作者在此处引用诗句，进一步说明霜降时候天气、植物发生的细微改变，让人有种身临其境的感觉。

我国古代把霜降分为三候。

一候豺乃祭兽。豺俗称豺狗，是一种类似狼的食肉动物。每到霜降时节，豺就开始猎捕动物，为过冬准备食物。

二候草木黄落。霜降之后树叶基本上已经枯萎变黄，冷风吹过树叶纷纷飘落，天地一片肃然。

三候蛰虫咸俯。昆虫已经做好了过冬的准备，霜降一到，它们就会把自己缩成一团，或是躲在泥土里，或是藏在洞穴里，完全进入冬眠状态，安静地等待春天的到来。

二、霜降的习俗

❶引出下文

霜降之后，人们是如何为冬天做准备的呢？引出下文故事发展，引起读者阅读兴趣。

[1]进入霜降之后，天气会越来越冷。在我国无论是南方还是北方，人们都开始为迎接冬天而积极地做准备。从霜降时节的传统习俗中，我们就能感受到千百年来，我们的祖先应时而生的生活特点。

1.赏菊

俗话说"霜打菊花开"，霜降时节正是菊花盛开的时候。从古到今，全国各地都有秋天赏菊的习俗。

菊花又称秋菊，早在三千多年前，我国就有栽培菊花的历史，《礼记》中就有"季秋之月，菊有黄花"的记载。

❷叙述说明

对花中"四君子"进行简单介绍，丰富文章内容，同时引出下文对菊花的详细介绍。

[2]菊花以千姿百态的花朵、不畏严寒的品格，一直受到文人雅士的赞美。在中国古典文学中，菊花与梅、兰、竹合称"四君子"。唐宋时期，赏菊、饮酒已成了霜降时节的一项重要活动。尤其在霜降之后，寒冷的天气会让菊花的颜色更加鲜艳，它的这种傲视风霜的特征，备受人们喜爱。

在古代，一些文人雅士都会在霜降前后，将盛开的菊花摆在厅堂中，准备好酒菜，约亲朋好友来赏菊。大家首先会以酒拜祭花神，祈求幸福长寿，然后一边饮酒赏菊，一边挥毫泼墨，抒发对菊花的崇敬之情。

2.送芋鬼

❸设置悬念

为什么霜降还与驱鬼、扫墓有关联呢？引起读者的阅读兴趣，为下文介绍这一风俗埋下伏笔。

[3]在霜降这天，也有一些地方会举行驱鬼、扫墓等祭祀活动。在广东高明地区就流传着霜降"送芋鬼"的风俗。

清朝光绪年间的《高明县志》中记载：霜降时节这天，男孩子们会举行一种有趣的游戏。他们捡来瓦片砌成塔状，在中间烧起柴火，等到大火将瓦片烧红，大家一起将这个

"瓦片塔"推倒，再把那些已经烧红的瓦片扔进芋头堆里，把芋头煨熟，当地人称之为"煨芋煲"。最后，等到瓦片变凉后，每人拿两块瓦片，一边走，一边敲，嘴里还要念念有词，等到走出村子，再把瓦片扔掉，这就是"送芋鬼"。当地人就是用这样的方式驱除鬼怪，逢凶化吉的。

3.霜降节

[1]在广西壮族自治区的一些地方，一直传承着霜降节的历史。2016年，广西霜降节作为中国二十四节气的扩展项目，被联合国教科文组织选为人类非物质文化遗产代表作名录。

❶叙述说明

叙述了霜降节作为二十四节气之一，被选为非物质文化遗产代表作名录，这说明了它的重要意义。

霜降节一般为三天，分为"初降""正降""收降"。古时的霜降节，人们要烧香祭拜祖先，还要吃汤圆、杀鸡宰鸭供神，以祈求五谷丰登。如今的霜降节，人们不仅会举行热闹的祭神活动，还有很多商贸、文体活动以及一些民俗表演，就像一场民间狂欢节。

4.霜降萝卜

民间有这样一句谚语："处暑高粱，白露谷，霜降到了拔萝卜。"[2]萝卜是种植广泛、价格便宜、营养丰富的植物性食物。人们亲切地称它为"土人参"，民间就流传着"冬吃萝卜夏吃姜，不用医生开药方"的说法。

❷引用

作者在这里引用俗语"冬吃萝卜夏吃姜"来说明萝卜的营养价值。

萝卜不仅能熟吃，也能生吃。它具有止咳化痰、除燥生津的作用，而且还有很好的防癌、抗癌的功效。"霜降萝卜"是指从霜降时节开始可以多吃些萝卜，对身体进行调理滋补，同时也是提醒农民，霜降前要将地里的萝卜全部拔出来，因为霜降之后，昼夜温差增大，而且会出现霜冻的现象，如果萝卜还在地里没有及时收获，会使萝卜表面出现冻皮现象，破坏了萝卜的品质，也不容易保存。

5.霜降进补

在闽南地区，人们都习惯在霜降这天吃补品，有点儿像北方的"贴秋膘"。鸭子就是人们进补的首选之品。秋天的鸭子肉质肥美，是餐桌上的美食佳品。鸭子营养丰富，能够为身体补充蛋白质、维生素和矿物质，而且鸭肉属凉性食物，在干燥易上火的秋季食用，更有益处。

①另外，一些地方还有霜降吃牛肉的习俗。在广西玉林地区，人们在霜降这天早上，都要吃上一碗牛河炒粉或是牛腩粉，以此补充体力。

❶叙述说明
霜降时节也有吃牛肉的习俗，并且一直延续至今，甚至有的地区的餐厅还有“霜降牛肉”这道菜呢！

6.玉林鱼生节

在玉林地区，霜降这天最热闹的还要数城北钟周村的“霜降鱼生节”。每年的霜降这天，钟周村的村民们都像过年一样，家家户户做鱼生，还要邀请亲戚朋友前来品尝，这个传统已有数百年的历史。

鱼生也叫生鱼片，就是选用肥硕的草鱼、鲈鱼，经过剔骨、去皮、切片等工序，把鱼肉切成薄薄的生鱼片，再配合广西特有的米粉等佐料，一道美味的鱼生就做好了。②每年的霜降这天，钟周村都会吸引来自各地的鱼生爱好者。在这里，不仅能品尝到风味独特的鱼生，而且还能亲眼看到制作鱼生的全过程，既饱了口福，也饱了眼福。这里的鱼生，每年只有霜降才会制作一次，所以，更显得珍贵。

❷叙述说明
对玉林的鱼生节进行刻画，可以看出这里的人直到今天还在延续这种习俗。

三、相关故事

霜降吃柿子

柿子是一种浆果类水果，味道甜美，颜色呈深深浅浅的橘黄色，是人们喜爱的水果之一。每年10月是柿子成熟的季节，霜降之后，柿子的含糖度最高，味道最甜。我国的许多地方都有霜降吃柿子的习俗，素有“霜降吃柿子，不会流鼻涕”的说法。③人们认为在霜降这天吃柿子，冬天就不会感冒流鼻涕，嘴唇也不会干裂。虽然这些说法并没有科学依据，但是霜降吃柿子这个习俗却有着一段悠久的传说。

❸引出下文
虽然霜降吃柿子的好处并没有科学依据，但是，为什么却被沿袭下来了呢？引出下文故事情节的发展。

明朝的开国皇帝朱元璋出身贫寒，自幼父母双亡，以讨饭为生，经常是吃了上顿没下顿，挨饿是常有的事。有一年秋天，朱元璋出门讨饭，当时正是霜降时节，天气很冷。[①]朱元璋身上只有一件单薄的衣裳，再加上两天没吃东西，他已经饿得四肢无力，两眼发黑，几乎寸步难行。这时他来到一个小村子，看到村口有一棵柿子树，火红的柿子已经成熟，像一个个小红灯笼似的挂在树枝上。朱元璋看到柿子，心里一下子有了希望，他知道这是老天给了他一条生路。朱元璋拼尽最后的力气爬上柿子树。一顿饱餐之后，朱元璋恢复了体力，总算没有被饿死，而且很奇怪的是，以前每到冬天，朱元璋的手和嘴唇都会出现干裂的情况，但自从吃了柿子，这个冬天他的手和嘴唇再也没有裂口子。

❶外形描写

对朱元璋此时落魄的外表和状态进行细致刻画，可以看出他已经饿得不行了，同时也反映了其坚强的性格特征。

后来朱元璋打败了各路势力，推翻了元政府的统治，建立了大明王朝。有一年秋天，还是霜降时节，他率领部队去打仗，又从曾经的那个小村子路过。朱元璋又看见了那棵柿子树，树上依然挂满了红彤彤的柿子。[②]朱元璋看到这些柿子，心里百感交集，当年若不是这些红柿子，他也许早就成了孤魂野鬼。他跳下战马，走到柿子树前，把身上的战袍脱下来，披在柿子树上，并当场封这棵柿子树为“凌霜侯”。他还下令让将士们都吃柿子，以防止在冬天手脚和嘴唇干裂。不久，这件事在民间传开，每年霜降这天，老百姓们也吃柿子，渐渐形成了一种习俗。

❷心理描写

虽然柿子只是一种水果，但是通过朱元璋的心理活动，不难发现他是一个知恩图报，非常重情义的人。

柿子的口感很好，而且富含多种维生素，但是吃柿子千万不能过量。[③]它性属寒凉，所以不能同螃蟹等水产品一同食用。也不能空腹吃柿子，尤其是空腹吃柿子皮容易造成结石，所以，吃柿子一定要适可而止。

❸叙述说明

作者在这里为大家进行科普，告诫大家吃柿子的一些禁忌，丰富了文章内容。

有熊偷菊救母

据传说，在女娲九十九岁的时候，眼睛突然失明了。她的丈夫伏羲在人间到处寻找神药，想让女娲重见光明。后来伏羲听说天宫中有一种名叫菊的神草，能医治人的眼睛。[①]于是他派自己的儿子有熊到天宫去偷这种叫菊的神草。

❶设置悬念 有熊能否偷到这种神草呢？他是否会受到惩罚呢？这引起读者的阅读兴趣。

有熊为了早日治好母亲的眼睛，他不顾艰险，走了七七四十九天的路，又爬了七七四十九天的山，终于到达南天门。有熊发现天宫里到处都是神仙，根本无法进入。他偷偷地绕到后面，乘人不备翻墙进了天宫。

有熊来到后花园，正看到满园都是盛开的菊花。原来，此时正是霜降时节，是菊花开得正旺的时候。有熊高兴极了，他折了一支花朵最大、颜色最艳的菊花。不料被巡查官二郎神发现了，有熊被关进了天牢。

[②]玉帝有个女儿名叫雷姐。一天，雷姐听说凡间的小伙子，为了救母来到天宫偷摘菊花被抓了起来。她被这份孝心打动了，决定救出有熊。雷姐深深地爱上了有熊，她不但救出有熊，还带着菊花跟随有熊来到凡间，治好了女娲的眼睛。

❷行为描写 从雷姐救有熊的这一行为可以看出，她是个非常善良、有孝心的姑娘，这便开启了两人的缘分之门。

玉帝知道此事后，大发雷霆，派出天兵天将去捉拿雷姐。托塔天王向玉帝求情，玉帝也不忍心伤害女儿，于是决定让雷姐留在人间，不能再回到天宫。临行前，玉帝赐给雷姐四种草药，菊花就是其中之一。从此以后，菊花走进了寻常百姓家，深秋之后竞相开放，为霜降时节增添了一道美景。

霜降节的来历

[③]在中越边境的广西壮族自治区的大新县，有一个名叫下雷镇的地方，这里被人们称为广西霜降节的发源地。相传在三百多年前，下雷地区被外族入侵，土司许文英和妻子岑玉音带领壮族人民奋勇抗击敌人，保卫自己的家园。霜降这天正是他们凯旋的日子，所以，当地人民大庆三天。此

❸设置悬念 为什么广西的大新县被称为霜降节的发源地呢？引起读者的阅读兴趣。

后，这种风俗一直保留下来，并逐渐发展成为现在的霜降节。

关于霜降节还有另一种说法。许文英和岑玉音夫妻是抗击倭寇的英雄，人们为了纪念他们，所以在每年的霜降这天举行庆祝活动。①如今，在下雷镇就立有两块石碑，一块是许文英的碑刻，另一块是"抗日救亡将士纪念碑"，这充分显示了人们对抗击入侵者的英雄们的崇敬之情。

❶叙述说明

作者在这里举例抗击倭寇的英雄故事，更是让整个节气充满了特殊意味，加深了读者对霜降的理解。

精华赏析

本章主要讲述了霜降时天气的变化、人们饮食习惯的变化等，特别讲述了古代文人赏菊、喝酒的优雅场面，语言生动细腻，让读者有种身临其境的感觉。同时文中朱元璋的故事，也让人们知道了霜降和柿子之间的联系。

延伸思考

1.我国古代把霜降分为哪三候？
2.霜降为什么要吃柿子？
3.闽南地区的人们霜降吃什么？

相关评价

本章主要讲述了二十四节气中的霜降。这是属于秋天最后的节气了，冬姑娘的步伐也越来越近了，人们在饮食习惯上也发生了变化，开始以保暖、滋补身体为主了。同时，在生活习俗上各地也有所不同。作者在叙述的时候语言质朴、细腻，让读者在了解霜降故事的同时，也感受到中华传统文化的美好。

立冬

名师导读

立，建始也；冬，终也，万物收藏也。冬天季节，阳退阴生，生气闭蓄，万物开始收藏。传统是以“立冬”作为冬季的开始，秋季少雨干燥气候渐过去，开始向阴雨寒冻的冬季气候过渡。

一、什么是立冬？

立冬，作为农历二十四节气之一，它预示着冬季至此开始，也预示着农作物收割后要收藏起来。

据史书典籍记载：“立冬，十月节。立，建始也；冬，终也，万物收藏也。水始冰。水面初凝，未至于坚也。地始冻。土气凝寒，未至于拆。”

[1]在中国，从立冬开始，神州大地上万物相继沉寂，唯有松柏和冬梅竞相争傲，北国的千里冰封、万里雪飘也指日可待了。

说起立冬的具体时间，是在每年公历 11 月 7 日或 8 日，太阳黄经达 225°。立冬过后，随着日照时间将越来越短，正午太阳高度也将继续降低。北方地区大地封冻，农林作物早早进入越冬期。而且在立冬前后这段时间，大部分地区降水显著减少。因此对于农民来说，是颇为提心吊胆的一段时间。

与此同时，江淮地区的“三秋”已接近尾声，而江南则还在抓住秋日的尾巴，抢种一波晚茬冬麦，赶紧移栽油菜。最为温暖的南部则颇为幸运，在晴朗无风之时，常会出现风

①环境描写 对立冬后的植物生长进行描写，可以看出气温此时已经很低了，只有松柏和冬梅愈发美丽。

读书笔记

和日丽、温暖舒适的十月“小阳春”天气，因此是种麦的最佳时机。

立冬并非只是一个简单的时间节点，而是一个为期十五天的时间段。我国古代将这十五天分为三个五天，三候也由此衍生而来。一候水始冰——此时水已经能结成冰。二候地始冻——紧接着土地也开始冻结，失去松软的模样。三候雉入大水为蜃——立冬后，野鸡一类的大鸟逐渐销声匿迹，相反，我们却可以在海边看到外壳与野鸡的线条及颜色相似的大蛤。

①可以说，自立冬这日起，冬天就真真切切地到来了。

二、立冬的习俗

经过数千年历史的洗涤，立冬习俗有的推陈出新，也有的沿袭至今。与这寒风乍起的季节对应的，有“十月朔”“秦岁首”“寒衣节”“丰收节”等习俗活动。

1.补冬

②立冬日，由于寒气较重，人们往往会杀鸡宰羊，或以其他营养品进补，称为“补冬”。

“立冬补冬”也是民间流传数千年的习俗。立冬那天，广东人最喜欢的就是招揽上三五亲朋，围坐在火炉边酣畅淋漓地吃上一顿火锅，这就是广东人俗称的“打边炉”。广东人对打边炉的汤头尤为重视。因此，粤式的打边炉自然也以上好的高汤为底，汤中配有各式海鲜、山珍熬制入味。比如，珍藏的高丽参、鹿茸都是人们拿来熬制汤底的上好食材，至于蘸料，则以沙茶酱为主。

2.贺冬

③在民间，人们也有贺冬的习俗。贺冬亦称“拜冬”，自汉代流传至今。不同朝代的人们庆祝的方式也各不相同。从古人的诗词中我们依稀可以窥见往日欢腾热闹的景象。东汉时期，崔寔在《四民月令》写道：“冬至之日进酒肴，贺谒

①总结全文

本句在文中起着总结性的作用，立冬之后温度变低了，冬天彻底走进了人们的生活。

②叙述说明

对立冬时节人们在饮食方面的变化进行叙述，可以看出秋天之后的大部分节气，人们都开始以滋补为主。

③引出下文

立冬在节气中也是十分重要的。自古以来，人们庆祝的方式又是怎样的呢？让我们接着往下看吧。

君师耆老，一如正日。”意思是说，人们在冬至之日设宴饮酒，拜访祝贺自己的长辈、老师，以及德高望重的贤者。在宋代，每逢此日，人们纷纷更换新衣，庆贺往来，像过年一样。到了清代，[1]顾禄在《清嘉录》中有这样细致的描写：“至日为冬至朝，士大夫家拜贺尊长，又交相出谒。细民男女，亦必更鲜衣以相揖，谓之拜冬。”这就将汉代与宋代人的风俗习惯结合在一起。民国以来，贺冬的传统风俗逐渐被简化。与此同时，有些活动逐渐固定化、程式化，普及到全国各地，如办冬学、拜师等活动。

❶引用

作者在这里引用古语，来讲述古时候人们庆祝立冬的方式，可以看出是相当隆重的。

3.迎冬

在汉魏时期，立冬作为10月的大节，天子要亲自带领着大臣们前去迎接冬气，并对“捐躯赴国难”的烈士和他们的家属表示哀悼和体恤。此举旨在请这些英勇的死者保护生灵，并借此鼓励民众抵御外敌入侵。与此对应的，民间则有祭祖、饮宴、卜岁等习俗，供奉上时令佳品向祖灵祭祀，履行为人子孙的义务和责任。他们虔诚地祈求上天让来年风调雨顺，农民也可在这段时间饮酒和休息。

读书笔记

4.冬学

冬天有着漫长的黑夜，且人们不必为了农事忙忙碌碌，因而成了办冬学的最佳时间。冬学并不是一种正规的教育机构，它的种类颇为丰富多样，不似传统学堂一样刻板与拘束，更像对人们的一种教育启蒙。冬学有“识字班”“训练班”“普通学习班”等等，分别用于帮成年男女扫盲，训练专业的技术性人才和提高科学素养。冬学的地址往往在一些庙宇或者公堂中。老师往往属于外聘，并不固定，有薪水补贴。

5.拜师

[2]有些村庄，还保留着在立冬那天拜访老师的习俗。入冬后，由学校的管理人员带领家长和学生端着摆放着四碟菜的盘子，提着果篮和小食去慰问老师。

❷设置悬念

为什么在立冬的时候要拜访老师呢？引起读者阅读兴趣，推动文章情节发展。

而老师自然也不能随意怠慢，在立冬或冬至这天，郑重地设下丰盛的宴席来欢迎前来拜见的学生。往往，老师会将刻有“大哉至圣先师孔子”的孔夫子像悬挂在厅房中。[①]学生整齐尊敬地向孔子像行跪拜礼，并琅琅读道：“孔子，孔子，大哉孔子！孔子以前未有孔子，孔子以后孰如孔子！”向孔夫子行完礼后再向老师行礼。这么一套仪式结束之后，由老师指挥学生，分工打扫家务。

❶行为描写

从对学生和老师的行为的刻画可以看出，自古以来学生都是非常尊重老师的，我们也应该将这一优良的传统一直延续下去。

三、相关故事

羊肉与东坡的缘分

你能想到吗？除了东坡肉，苏轼和羊肉也有着特殊的缘分。

苏轼因其耿介的性格，一生的仕途颇为坎坷。宋神宗时期，王安石执掌政权，推行变法，苏轼因反对变法而遭到新党的排挤。原以为自己的仕途会因为宋神宗的离世迎来春天，却又因反对对新法的彻底废除再遇障碍。[②]这还不算什么，没想到宋哲宗亲政后，新党再次把持权柄，苏轼这下彻底成了无法翻身的咸鱼，被贬惠州。

❷比喻

本句运用比喻的修辞手法，生动形象地将苏轼比作咸鱼，由此可以看出他这次的仕途真的是很难再翻身了。

别看今天的惠州市占据着珠三角独特的地理优势，人口众多，经济高度发达。在北宋时，这里与蛮荒之地没有什么区别。苏轼身边的姬妾们意识到，跟着苏轼不可能再有锦衣玉食的生活，纷纷地自谋出路去了，除了一位红粉知己——王朝云，一直陪伴左右。可祸不单行，王朝云因水土不服在惠州病逝。

面对情感和官场的双重重创，苏轼发挥了他素来为人所称道的乐观精神，并不断于细微之处发现生活的美好。除了吃荔枝、学习古法酿酒以外，甚至凭着自己精进的美食造诣，不断对羊肉的吃法加以改进。苏轼发现，杏仁茶和羊肉两者混合在一起煮，有滋补气血的特殊作用，且能改善口感。[①]羊肉的腥膻之味往往让人头疼不已，苏轼又想出来了一个好办法，就是把羊肉和胡桃合煮，有去膻奇效。

❶细节描写　从此处的细节描写可以看出苏轼非常善于观察，且十分聪明，还是一个名副其实的“吃货”。

众所周知，苏轼与弟弟苏辙两人感情深厚。苏轼对羊肉的喜爱，还体现在了他给弟弟苏辙的信里。他向弟弟讲述自己与羊肉的趣事：由于惠州人口稀少，贫瘠困苦，每日只能杀一只羊。苏轼作为一个被贬斥的罪官，自然不敢与当地权贵叫板，争抢唯一的一只羊。那怎么办呢？苏轼再次发挥他的聪明才智，与杀羊的人约定好，给自己留下别人都不要的羊脊骨，就为了骨头之间残存的一点儿羊肉。取回家后，苏轼将羊脊骨先煮熟煮透，再在骨头上浇上酒，撒上盐，做孜然烤羊骨。苏轼不以此为苦，反而乐于在羊脊骨之间寻觅残肉，自称就像享用海鲜鲍鱼一样。[②]他还在信中调侃苏辙：“你身处高位，享尽富贵，有大把大把上好的羊肉，怎能体会到剔羊骨的乐趣呢？”苏轼在信末还自嘲道，这种吃法不错是不错，只是自己将肉剔光的做法惹得身边环绕的狗很不高兴。

❷语言描写　从苏轼的言语中可以看出他非常享受现在的生活，也从侧面反映了他闲云野鹤般的性格特征。

坊间还流行着这么一句话：“通熟苏轼文章的人，能吃羊肉；不懂苏轼文章的人，只能喝菜汤了。”看来，苏轼与羊肉的缘分在人们的口耳相传中越来越深了。

纵观这千百年来的历史，羊肉已经成为中国人日常生活不可或缺的一种食物，在满足无数人口腹之欲的同时，也逐渐演变为一种文化基因，烙印在每个人的精神世界。

立冬之时迎天子

众所皆知，古代皇帝号称“天子”，拥有至高无上的权威。自董仲舒提出“君权神授”以来，皇帝便被赋予了神学色彩。皇帝不仅仅是人间的最高统治者，同时也被看作与上天沟通交流的唯一桥梁。所以，每当“四立”来临之际，传统上天子都要亲自率满朝文武，去郊外迎接冬天。

在古书中有对迎冬的详细记载。它首次出现在《吕氏春秋·孟冬》篇中。书中这样写道：“是月也，以立冬。先立冬三日，太史谒之天子，曰：‘某日立冬，盛德在水。’天子乃斋。立冬之日，天子亲率三公九卿大夫以迎冬于北郊。还，乃赏死事，恤孤寡。”高诱注：“先人有死王事以安边社稷者，赏其子孙；有孤寡者，矜恤之。”在晋崔豹著述的《古今注》中，[①]也有相似内容：“汉文帝以立冬日赐宫侍承恩者及百官披袄子。”又“大帽子本岩叟野服，魏文帝诏百官常以立冬日贵贱通戴，谓之温帽。”用我们今天的话来说就是，立冬前三天，太史要禀告天子：今年某日某时立冬。于是，“天子乃齐”。齐在古语中是着装整齐之意，整齐不仅仅是代表一种仪式感，更是为了让身心达到一种清洁虔敬的状态。为此皇帝会受到许多礼节上的约束，沐浴更衣、不饮酒、不食荤，自是不在话下。更严格的是，皇帝被要求不能同嫔妃共寝。

❶引用

从这里的引用可以看出，迎冬这一行为很早以前就深受皇家重视，虽然如今已经淡漠了，但是这个节气还是相当重要的。

到了立冬那一天，天子带领着三公九卿大夫浩浩荡荡地立于北郊以迎冬。这里的方位也很有讲究。北郊是迎接立冬，立春、立夏、立秋则分别是在东、西、南郊迎接。[②]在郊外举办完隆重盛大的迎接仪式后，皇帝还得马不停蹄地回朝给王臣们颁发赏赐。比如，要“赏死事，恤孤寡”，就是对为国捐躯的烈士遗属、孤寡老人等困难户给予抚恤。这样做的目的，一方面，是借此显示天子的宽广胸襟，另一方面，也是为节日营造一种平安喜乐的和谐局面。

❷行为描写

从这里的描述可以看出，在古时候皇帝也是要进行慰问的，对为国捐躯的士兵家人予以关怀。

随着时代的进步，庆祝立冬的方式愈发新潮与富有创意。在哈尔滨、商丘、宜春、武汉等地，冬泳爱好者们会在立冬这天，以冬泳的形式迎接冬天的到来。冬泳作为一种锻炼身体的运动方式，宣告着人们不畏严寒的勇气。

寒衣中的军民鱼水情

❶行为描写

从百姓们为抗日战士捐衣服、捐款这一系列行为可以看出大家一心抗日的决心，读来非常令人感动。

值得一提的是，1937年，全国人民团结起来进行抗日战争时期的募寒衣活动。在那寒风萧瑟的日子，霞浦城关为了表示对抗日战士们的尊敬之情，募集各家各户的寒衣送给将士们御寒。①在《流亡三部曲》《寒衣曲》悲壮苍凉的歌声中，沿街民众无不被感动得涕泪纵横，纷纷捐物、捐款。"军民一家亲"，可见一斑。寒衣节里的壮举历时已八十多年了，霞浦人民豪情满怀的热烈场面，仍历历在目。

精华赏析

本章主要讲述了立冬时节人们的生活变化和天气变化。同时举例述说了人们在这个时节的饮食习惯。其中，苏轼吃羊肉的例子让人读来忍俊不禁。同时也可以看到自古以来立冬都是一个很重大的节气，古代帝王也十分重视这个节日。

延伸思考

1.简述苏轼成为"咸鱼"的原因。
2.苏轼和弟弟都喜欢吃什么东西？

相关评价

本章主要讲述了立冬时节人们的生活变化和天气变化。同时，用大量笔墨叙述了立冬时节人们在饮食方面的变化，提到了"冬吃萝卜夏吃姜"，同时也可以看到大名鼎鼎的苏轼也是一个非常懂得饮食的"吃货"。文章语言细腻，感情丰富，让人有种身临其境的感觉。

小　雪

名师导读

小雪节气不是一定会下雪，而是说小雪时节，气温下降，温度降到了可以下雪的程度，但是由于地表温度还不够低，就算降了，雪量也会很小。

一、什么是小雪

小雪，排位二十四节气中的第二十个。《月令七十二候集解》有语云："十月中，雨下而为寒气所薄，故凝而为雪。小者未盛之辞。"

每年公历的11月22日或23日，小雪节气便来临了。此刻夜空中的星象也不如往常一样，北斗七星的斗柄指向北偏西的方向，如同钟表上的时针指向10点。也正因为如此，观星者能够在此节气看到百年一遇的景象。晚上8点以后，观星者去观星，只见以下景象映入眼帘：北斗星缓缓西沉，"W"形仙后座这时候缓缓上升。由此，仙后座即将作为夜空中的启明星，为观星者指明方向。

小雪也是反映天气现象的节令。正如古籍《群芳谱》中所记载："小雪气寒而将雪矣，地寒未甚而雪未大也。"

小雪节气伊始，西北风便时常光顾中国大半地区，气温也逐日递减，直至0℃以下。有些地区已经开始降雪，但是人们还未觉寒冷且雪量不是很大，因而被称为小雪。

①古语曾有云："天地不通，阴阳不交。"万物即由茂盛转为衰败，天地渐趋闭塞直至转入严冬。有诗曾说："太行初

读书笔记

①引用

作者在这里引用古语和古诗句，凸显了小雪时节的天气变化，小雪小雪，或许真的能有一场初雪呢！

雪带寒风，一路凋零下赣中。菊萎东篱梅暗动，方知大地转阳升。”此时处于黄河以北地区会有些初雪出现，也提示着人们添衣御寒。

古人将小雪分为三候：“一候虹藏不见；二候天气上升地气下降；三候闭塞而成冬。”

①小雪那日起，南方北部地区正式进入冬季。处于黄河中下游的地区，初雪即将来临，而华北地区雪量较南方地区的要多。宋朝诗人苏轼曾有诗：“荷尽已无擎雨盖，菊残犹有傲霜枝”，描绘了小雪时节菊花仍傲立枝头的景象。此时虽然下了雪，但是雪量也不大，夜晚结上一层薄薄的冰，白日遇阳即融化。少有例外的，若是冷空气强烈来袭，暖湿气流稍显活跃，则也会下大雪。

❶叙述说明 由于我国幅员辽阔，各地虽然同时进入小雪节气，但是温度情况却大相径庭。

柔软如棉絮般的雪花片片飘落，是孩童时期的兴奋，是成人时期的浪漫。

②不仅孩子们期盼着雪的到来，农民们对雪也是翘首以盼。俗话说“小雪地封严”，小雪节气初，东北土壤冻结深度已厚达 10 厘米，之后每个昼夜都增加一厘米，等到节气末已有一米多深。别小看东北土壤冻结，它是一个标志，意味着之后大小江河将陆续封冻。

❷承上启下 本句在文中起着承上启下的作用，引出下文小雪时节对农作物的影响。

民间流传着一句耳熟能详的农谚：“小雪雪满天，来年必丰年。”这简简单单的一句话包含了三层意思：一是小雪落雪，来年就不必担忧洪水或干旱了；二是下雪可使一些病菌和害虫死亡，这样来年病虫害发生的概率就大大减少；三是积雪有保暖作用，厚实的积雪如棉被一般使土壤免于冻害，有利于土壤的有机物分解，增强土壤肥力。③因此俗话说“瑞雪兆丰年”，也是有一定科学道理的。

❸引用 引用“瑞雪兆丰年”这一俗语，告诉读者小雪时节下雪对庄稼的好处。

二、小雪的习俗

小雪时节的传统习俗也比较多。例如，酿酒、腌腊肉、打糍粑等。

1.酿酒

[①]浙江安吉有个风俗：入冬之后，每家每户都有酿制林酒的习惯，因为是为了过年而准备的，因此也被叫作过年酒。而平湖附近的风俗则不同于安吉，他们在农历十月初便开始酿酒，故名为“十月白”。其中，“三白酒”的取名是因为它的酒曲是纯白面，辅以白米、泉水一起酿造。春日，人们将些许桃花瓣置入其中，于是，它就酿成为桃花酒。桃花酒不局限于平湖一带，江山等地也有桃花酒。他们采用的水源是汲取冬季的井华水，贮藏到下一年桃花盛放的时节，方可取出饮之。

❶叙述说明

介绍了安吉的酿酒习俗，以及叫过年酒的原因。

2.腌腊肉

[②]人们为了菜式多元化，依照腌制肉的方法又制成了腊鱼、腊鸭等腊制品。腌制的技术也在后来的实践中不断地改进。为了使腊肉更具特色，人们烘烤时使用木材熏，这样做能够使肉质保持原味，更香醇。而且由于小雪节气后，气温急剧下降，天气也变得干燥，利于肉类风干储存，正是加工腊肉的好时候。此时熏好的腊肉可久藏不坏，一直可以吃到来年立冬，到岁末便是上好的年货与上桌食材。逢年过节，亲朋相聚时，将各色腊味细细咀嚼，整整一年的欣喜与劳碌伴随着浓郁的肉香在唇齿间生发开来。

❷叙述说明

每年冬季，我们都会吃到鲜美的腊味。可是，这些腊味究竟是怎么做的呢？让我们一起看看吧。

每到岁末，家家户户门口或者阳台上都会挂满一提提的腊肉，飘溢在空气中的香料味蕴含着人们对于新的一年的期待。

3.打糍粑

[③]打糍粑是一项费力气的活，需要男女协同工作，壮汉负责打糍粑，而女子们则将糍粑搓成她们心中所想要的形状，用木板一压，变成平整光滑的糍粑。糍粑因为黏黏的，所以也变成了团团圆圆的象征。

❸叙述说明

糍粑也是一种非常美味的食物，是由男女共同完成的，这也象征了团圆美满的意味。

三、相关故事

晚来天欲雪，能饮一杯无

我国人民深谙酿酒之道，对酒的钟情早在夏朝就开始了。《战国策·魏策》中记载："昔者帝女令仪狄作酒而美，进之，禹饮而甘之，遂疏仪狄，绝旨酒，曰：'后世必有以酒亡其国者'。"意思是说，从前大禹的女儿让仪狄酿造美酒，并且将美酒进献给大禹。大禹一饮而尽并且赞赏其甘醇甜美，但最后却下旨疏远了仪狄，并且禁止酒在民间销售流通。大禹说：[①]"后世一定有因为沉溺于美酒而使国家沦丧的君王。"

①正面描写　从大禹的话语中可以看出，他是一位非常有远见的君王，同时也说明酒是非常美味可口的。

大禹死后，禁酒之令解除，随着酒在市肆间的广泛流通与买卖，酒日益受到百姓的追捧，在民间形成了尚酒的风俗。《尚书·微子篇》有语云："殷邦方兴，沉酗于酒……我用沉酗于酒，用乱败厥德于下。"等到周朝，周公将卫地封给殷朝的遗民康叔时，更是特地作《酒诰》一文来劝勉康叔不要沉迷酒色，由此殷人嗜酒之深可见一斑。纵观中国上下五千年的历史，因沉湎于酒色而丢掉江山致使生灵涂炭的君主不在少数，因而不禁感叹大禹的远见卓识。

《世本》记载"少康作秫酒"。到了商代，随着农业技术的进步，酿酒的原料更加丰富，饮酒的风气也愈加盛行。在商朝的器皿中，酒器种类就十分丰富，爵、尊、觯、斝、基、壶等，比比皆是。周朝的杜康是著名的酒圣，他也正是以善于酿酒而闻名。[②]正是因为其改良了酿酒的方法，才使中国的酿酒技术有了质的飞跃。就连政府之中也有酒正的官职，甚至还颁发了与掌管酒有关的政令。

②叙述说明　由此可以看出，在周朝酿酒已经成了一门技艺，并且被官府所掌控。

《礼记·月令》一书中细致地列举了酿酒的要点："孟冬乃命大酋，秫稻必齐，麹蘖必时，湛饎必洁，水泉必香，陶器必良，火齐必得，兼用六物，酒官监之，毋有差贰。"秫，就是指现在的高粱。而饎，则指黍与有黏性的稻子。湛饎，是指将稻黍煮成粥，等凉后加入酒曲，然后盛在瓦器里发酵。[①]由此可见，无论是酿造黄酒还是白酒，当时的技术都十分成熟。甚至火候大小、水质好坏、盛酒器皿的优劣，也被古人作为影响酒质的变量，一一考虑在内。

这里还有个冷知识。有种叫作酸的舌用酒，卖酒的人大多悬旗兜售，是古人的日常饮料，就像今日的肥宅快乐水一样。量酒的器皿叫干概，干概即有横木的升，如果酒超过了升口，就意味着酒已经打满。酿酒的季节，可从《诗经·国风》中推知："十月获稻，为此春酒，以介眉寿。"因此酿酒多在冬季，因此时农事已经结束，谷物都收获入仓。而岁末祭祀报赛等活动比较多，酒的用途也就比较广了。

杭州冬月有民谚道："遍地徽州，钻天龙游，绍兴人赶在前头。"就是说，徽州人的爆竹在全国各地的夜空上方绽放，龙游人做的纸马是孩童们共享的童年回忆，而绍兴人酿的酒是每家每户酒宴上的必需品。[②]孝丰人在立冬酿酒，长兴人则是在小雪后酿酒，都称为小雪酒。称其为"小雪酒"是因为小雪时，水极其清澈，足以与雪水相媲美。因此，将其储存到第二年，仍色清味洌。

①叙述说明 从这里的叙述可以看出当时人们酿酒的技艺已经非常高超，并且对盛酒的容器也十分挑剔。

②叙述说明 从这里的描述可以看出，小雪时节的水质非常适合酿酒。

小雪时节，腊肉飘香

追根溯源，腌制腊肉在我国已有几千年的历史。民间传说早在两千多年前，张鲁因称汉宁王兵败，在南下逃亡途中路经巴中，来到汉中红庙塘，当地的百姓拿来招待他的就是腌制好的腊肉。无独有偶，清光绪二十六年，慈禧太后携光绪皇帝避难西安。腊肉也曾被陕南的地方官吏作为贡品进献御用，慈禧在品尝腊肉之后，也是赞不绝口。

[③]除了腊肉的历史小故事，腊肉的读音中也很有说头。

腊肉中的"腊"，其实，不是人们如今常读的"là"，而应

③承上启下 本句在文中起着承上启下的作用，腊肉的读音又有什么故事呢？让我们一起往下看吧。

该读作"xī"。腊肉并非因为在腊月所制而得名腊肉，因为在古文里，"腊月"的"腊"(là)与"腊肉"的"腊"(xī)没有什么关系，也就是说，"腊月"的"腊"是繁体的腊，即"臘"，而"腊肉"的"腊"本来就是腊月的"臘"的简体字。这才是腊肉名称的具体来源。①至于为什么现在人们都读 là，而不读 xī，除了简化字的原因，使两个字没有了区别以外，可能也确实与腊肉一般都在腊月里制作以待年夜饭之用有关。

❶照应前文

这句话起到了照应前文的作用，解释说明了"腊肉"读音变化的缘由。

关于腊肉的读音还有另外一个解释。据说，有一年舜帝南巡，途经湖南时，吃了当地居民熏烤干的野猪肉后极为赞赏，以至于多年后一直念念不忘。之后舜帝一直命令手下四处寻找曾经吃过的那种野猪肉。由于舜帝的珍爱程度，其手下将其命名为惜(xī)肉。直到汉武帝元朔五年，长沙定子刘义被朝廷封为夫夷侯。正值腊月，刘义开始巡游三湘，来到湘西一带，在吃了土家人熏烤的惜(xī)肉后，意兴大发，欣然作诗。并将惜肉改名为腊(là)肉，从此有了腊肉一说。

②关于腊肉的具体起源，湖南西部的土家族和苗族必须拥有姓名。

❷过渡段

起承上启下的作用。腊肉不仅读音充满了故事性，它的起源地也特别值得一提。

过去，作为当年和黄帝为争夺天下的蚩尤部落后人，湖南西部一带的土家族和苗族被中原人称为蛮夷民族。自从蚩尤败给黄帝以后，先辈长期隐居到湖南西部一带深山，过着以打猎为生的日子。③刚开始，他们只是将没有吃完的野猪肉挂在树干上风干，等到食物短缺时拿来食用。遇到雨天的时候，他们就将肉放在火堆上烤干食用。结果意外发现，经火烟熏烤后的肉，吃起来有一股特别的香味。以后，他们就长期使用这样的方法处理没吃完的猎物。腊肉就这样逐渐走出深山，走到神州大地各个角落。

❸行为描写

从人们的行为可以看出，他们只是歪打正着发明了腊肉，也可以看出古时候人们物资和储存方式的匮乏。

打糍粑

小雪时节还有一个特殊的习俗，就是打糍粑。提起糍粑，就不得不提大名鼎鼎的伍子胥。

相传春秋时期，“阖闾大城”是由伍子胥监督建造而成的。[①]城垣建成后，伍子胥对亲兵说：“今后如国家有难，百姓受饥，在北门城下掘地三尺，便可找到充饥食物。”后来伍子胥被奸人所迫害，越王勾践趁乱发兵攻打吴国。兵荒马乱之际，人们忆起伍子胥生前所言，便掘地三尺，竟然发现建造城墙的砖头是用糯米压制成的，是可以用来食用的。

从此以后，每到年底，人们便制成当年的纪念品——糯米做的城砖，用此来祭奠伍子胥。后来，糍粑因为粘成团状，人们视此为一家人团团圆圆的象征。

[②]打糍粑的场景是热火朝天的，且极具画面性，因为打糍粑是一项很费力气的活。上好的糯米，需洗干净且过滤掉水，再将其放置到木甑里蒸。蒸的火候要把握好，既不能蒸太短，也不能蒸太过，最合适的便是九分熟。两位壮汉分别从左边和右边提着木甑的耳朵，迅速地跑出去，将蒸好的糯米倒进大石臼里。刚倒进去的那一刻，就要趁着热，用枣木棍使劲舂。这根枣木棍表面光滑，粗细适中，刚好一握，趁得上手，也使得上劲。人们在舂的时候，嘴里也发出“嗨”的声音，同时出声、出力，一棍子狠狠舂下去，立即要拔出来，不能被黏糊糊的糯米所粘住。两位壮汉需要配合好，交替着一舂、一舂，每舂都需要打在同一处。打过一会儿，一人则舂，一人则翻，两位壮汉需掌握好舂和翻的时机。若是糯米饭变成糯泥状，再用棍子挑起糯泥，挑再高也不断，这才叫作好的糍粑。

壮汉负责打糍粑，而做糍粑的女子们则早早地就在边上的长凳上坐着且说笑着，等待着壮汉们将打好的糯泥放到长长的案板上。女子们的手上抹了蜂蜡或茶油，米粉也均匀地被撒在案板上。糯米刚被壮汉们放在案板上，女子们手中便出现一只只小团。这些小团经过女子的揉搓，然后用木板一压，就变成了平整光滑的糍粑。糍粑烤好以后，

❶语言描写

从伍子胥这句话可以看出，他非常的有先见之明，同时也十分善良。

❷引出下文

这里的叙述说明，打糍粑是一项非常累人的活动，同时引出下文关于糍粑的制作方法。

读书笔记

抹上红糖，便是好吃的红糖糍粑。曾有老话说，“心急吃不了热豆腐”，同理也是，心急也吃不了红糖糍粑。红糖在糍粑的表面逐渐融化，渗入红糖糍粑酥脆的皮子里。此时，咬上一口，则会发现唇齿留香，令人回味无穷。

“门前六出花飞，樽前万事休提。”小雪的夜晚，万籁俱寂，只余雪花一片片堆积枝头。终有不堪重负的枝丫，折断，发出声响。[1]此刻，取出新酿造的“十月白”，烫好后，与客相依偎在红泥小火炉旁，烤着金黄的糍粑，诉说着这一年的趣事，不失为人生一大快事。忽然一阵风将门帘吹开，细雪趁机偷溜进来，跑到屋中人的头发上，随即消失不见。瓦片上只余得细碎的声响，仿若大珠小珠落玉盘。听雪饮酒吃糍粑，已是一件美事。

❶环境描写

作者在这里用细腻的语言为读者刻画了一幅小雪时饮酒、吃糍粑的场景，让人有种身临其境的感觉。

精华赏析

本章主要讲述了小雪时节的故事。这时农事已经步入尾声，该是享受一年丰收成果的时候了，酿点儿小酒，吃点儿亲手做的糍粑，屋外飘着小雪，与亲人团聚一堂，堪称一件乐事。

延伸思考

1.分别说说糍粑、腊肉起源于哪里？

2.简单叙述腊肉读音的故事。

相关评价

本章主要描写了小雪时节天气的变化和人们生活习惯的改变。作者用大量笔墨刻画了小雪时节人们在饮食方面的转变。一是从酿酒讲起，讲述了三两件与酒有关的事情；二是从糍粑、腊肉这些日常食物入手。文章详略得当，温情满满。

大　雪

名师导读

大雪节气是一个气候概念，它代表的是大雪节气期间的气候特征，即气温与降水量。节气的大雪与天气预报中的大雪意义不同。实际上，大雪节气的雪却往往不如小雪节气来得大，全年下雪量最大的节气也不是小雪和大雪。

一、什么是大雪

《月令七十二候集解》说："大雪，十一月节。大者，盛也。至此而雪盛矣。"因此大雪，顾名思义，就是雪量大。大雪作为农历二十四节气中的第二十一个节气，标志着仲冬时节的正式开始。

大雪这天，太阳到达黄经255°，交节时间为每年公历12月6日至8日。①在此期间，天气更冷，降雪的可能性也比小雪时大得多，但这并不意味着降雪量一定很大。

进入大雪时节，我国大部分地区最低气温降至0℃或0℃以下。往往这个时间段，不仅雪下得大，覆盖面积也很广。冷暖空气交锋的地区，则会下大雪，甚至暴雪。

即使已经到了大雪时节，地处南方的广州及珠江三角洲地区，仍然是草木繁茂，气候干燥，与北方的气候截然不同。众所周知，南方一带冬季气候温和且少雨雪，是个适合居住的好地方。即便偶尔有降雪，也大多出现在一二月份。②对有些地区来说，雪量较多的时候，几年难得一见。所以就特别能理解南方人看见积雪时兴奋的心情，毕竟是难以遇见的。华南地区雾日最多。其中，又属12月份的雾

①**解释说明**

这句话揭示了大雪只是一个气候概念，并不是指这一天会大雪弥漫。

②**叙述说明**

由于我国幅员辽阔，各地的气候不尽相同，所以对于南方人来说，下雪是很罕见的事情。

日格外多。当雾逐渐消散，午后的阳光会显得温暖和煦，“十雾九晴”便由此而来。

大雪不仅仅是一个时间节点，它更有一段长达十五天的时间段。[①]人们将大雪时节分为三候：“一候鹖鴠不鸣；二候虎始交；三候荔挺出。”意思是，由于天气寒冷，大雪时节正值阴气最盛时节，连寒号鸟也停止了鸣叫。不过正所谓盛极而衰，阳气已初现端倪，老虎陆续开始有求偶行为。三候中的“荔挺”是一种兰草。《本草纲目》中写道：“荔谓之蠡，实即马薤也。”由此可见，除了老虎之外，它也因感到阳气的萌动而抽出新芽。

①叙述说明：对大雪时节的三候进行说明，丰富文章内容，与前文每一节气的三候相呼应。

二、大雪的习俗

大雪时节，对于人们来说，有着特殊的意义。随着天气的日渐转寒，腌肉、吃红薯粥、吃羊肉日益成为主流。

1.观赏封河

到了大雪这个节气，降雪日益频繁，有时甚至会出现暴雪的情况。[②]尤其在北方，人们为了迎接大雪节气的到来，纷纷前去观赏封河。此时的河面已是千里冰封，晶莹剔透如明镜。

②行为描写：大雪时节，各地的人们通过不同的方式来庆祝，北方人的庆祝方式是去观赏封河。

2.大雪腌肉

“小雪腌菜，大雪腌肉”是老南京一带的俗话。为了迎接大雪，每家每户都开始忙活着做腌肉。这就到了主妇们比拼手艺的时候了。管你什么家禽还是海鲜，只要在主妇们的巧手下，都能变成令人垂涎欲滴的腌肉。

3.吃红薯粥

鲁北民间有俗语说：“碌碡顶了门，光喝红黏粥。”到了冬天，日渐寒冷的气候很容易让人生冻疮，需要热乎乎的东西暖暖胃。暖乎乎的红薯粥自然成了首选。

注释

垂涎欲滴：形容非常馋，想吃的样子，也比喻看到好的东西，十分羡慕，极想得到。

4.大雪进补

古语有云:“冬天羊肉劲补,可以上山打虎。”老南京大雪进补最爱羊肉。在大冬天,围坐在一起,来上一碗热腾腾的羊肉汤,真是一大乐事。

5.大雪捕乌鱼

大雪时节也是台湾落花生的采收期,也是捕获乌鱼的好时节。俗谚:“小雪小到,大雪大到。”是指从小雪时节就慢慢进入台湾海峡的乌鱼群,到了大雪时节因为耐不住严寒,便沿水温线回到温暖的南部海域。由于汇集的乌鱼群越来越多,在台湾西部沿海,撒一张网便可以捕获不少乌鱼,产量非常高。

读书笔记

三、相关故事

赏玩雪景,夜宵吃到明

雪象征着洁白无瑕的品格,象征着出淤泥而不染的操守。自古以来,中国人就流露出对雪的喜爱。

①南宋周密《武林旧事》卷三有这样一段描述:“禁中赏雪,多御明远楼,后苑进大小雪狮儿,并以金铃彩缕为饰,且作雪花、雪灯、雪山之类,及滴酥为花及诸事件,并以金盆盛进,以供赏玩。”刻画出了杭州城内的王室贵戚在大雪天里堆雪人、雪山的情形。由此可见大雪时节,全国各地的人们更多的是在冰天雪地里赏玩雪景。

❶引用

对书中的赏雪情景进行描绘,可以看出古人眼前的雪景非常优美。

宋代孟元老的《东京梦华录》也有记载:“此月虽无节序,而豪贵之家,遇雪即开筵,塑雪狮,装雪灯,以会亲旧。”雪后初晴,山舞银蛇,原驰蜡象,大地山河宛若琼楼玉宇,高瞻远眺,饶有趣味。②在这样的天地里,在庭院中堆雪人、打雪仗,是老少皆宜的亲子趣味活动,尽情享受冰雪世界的乐趣。

❷行为描写

下雪时人们也不用忙于农事,可以举家团圆,一起享受天伦之乐。

由于大雪天夜长昼短的缘故，古时各种手工作坊、家庭手工业为了提高生产效率，纷纷开夜工，俗称“夜作”。夜作出现后，纺织业、刺绣业、染坊的工人到了深夜要吃夜间餐，“夜做饭”“夜宵”由此诞生。①为了适应这种需求，各种小吃摊也纷纷开设夜市，直至五更才结束，生意很兴隆。

❶正面描写 虽然是为了迎合人们的需求，但是也直接反映了当时人们生活的富足，商业的繁盛。

说到这里，就不得不提一嘴南京的一道下午茶——萝卜圆子。大雪时节，南京人多吃大萝卜。用萝卜加工成的萝卜圆子，多年来一直风靡老城南一带。那时，在菜场或街头，都有卖用萝卜制成的萝卜圆子，这是一道很有特色的美味小吃，也是老年人爱吃的可口点心。

萝卜圆子的制作方法也是简单易懂。只要拣那滚圆实在的萝卜，用刨子将洗净削皮后的萝卜刨成丝。再掺入一定量的面粉，调和成面糊糊的样子。然后放些虾末及葱、姜、味精、盐等调味品，就可用汤匙一个一个下到浅浅的油锅中。等炸到金黄的时候，取出即可。

读书笔记

有下午吃点心习惯的老城南人，围坐在摊子前，看着摊主在煮沸的水中舀出几个圆子盛在碗中，撒些蒜花，端到眼前。萝卜的清香夹杂着面粉软软糯糯的口感，吃起来有滋有味。

由这些传统也可以看出，中国人的吃货属性，是世世代代流淌在血脉中的。

冰戏如飞，乾隆也点赞

俗话说得好：“小雪封地，大雪封河。”到了大雪节气，②河里的水冻成严严实实的一块天然冰场，供人们尽情地滑冰嬉戏。当然光滑如镜的冰面也不失为一道亮丽的风景线。

❷比喻 将结冰的湖面比作光滑如镜的镜子，由此可见温度之低，也引出下文众人滑冰的场景。

说到冬日特别的娱乐活动，那就不得不提及滑冰了。滑冰这项运动从古至今，依然流行。

古时滑冰被人们称作“冰戏”。乾隆皇帝和慈禧太后极其喜欢这项运动。寒冬时节在北海的漪澜堂观赏这冬日限定的冰戏。乾隆皇帝特别钟爱这项运动，所以也将一些关于冰戏的作品留存于世，如《御制太液池冰嬉诗集》《御制冰嬉赋》等。现在不少影视作品中也有提及冰戏这项运动。比如，《甄嬛传》里就有冰戏的场景。

[1]冰戏的重要条件是要有结结实实的寒冰，男男女女们穿着冰鞋，在冰上嬉戏、玩闹，更有技巧高超者，能够在冰上做出令人咂舌的动作，引得围观群众阵阵欢呼。有些地区不能形成天然的冰场，这时候，劳动人民就运用他们智慧的大脑，取水浇成冰山。另一种游戏也随之兴起，叫作打滑挞。人们腰绑皮带、脚踩皮鞋，从山顶直立滑下，以不倒地者取胜。这时候，围观群众往往颇为兴奋，时不时爆发出喝彩声，是寒冷中的一抹暖色。

也许，这也算天寒地冻中人们的一点小小生活情趣吧！

❶叙述说明

滑冰是一项冬日必备的游戏，同时也有许多专业人士在滑冰场上一展风姿。

百姓的美味——褐肉碧菜

[2]大雪时节，南方腌肉的人家多了，比如南京。过去，由于凭票供应远不能满足市民腌肉的需求，许多市民就买免票的猪头腌制。因为猪头长相奇特，民间称其为“鬼脸”。一时间，猪头就变成了市面上的香饽饽。肉柜上的猪头只要一上架，片刻间便被市民扫荡一空，于是不少市民转战农庄或菜市场。

买回来的猪头，人们抹上盐，再加上花椒、八角、香精之类放到盆里腌。[3]等到腌好后，邻里都不约而同地将猪头挂在自家屋檐下。大杂院成了鬼脸城，鬼脸在家家户户的窗口飘扬。

猪头风干后就可以食用了。吃时先用大火烧开，等肉汤沸腾起来后，再用文火慢炖。直炖到骨酥肉烂、咸中透鲜、异香扑鼻、鲜美可口。

切点儿酥烂的猪头肉，弄碗矮脚黄青菜，再配上点辣椒酱。褐色的猪头肉、碧绿的青菜、红红的辣椒酱，色泽鲜艳

❷比喻

本句运用比喻的修辞手法，将猪脸比作“鬼脸”，生动形象地说明了猪头丑陋的模样。

❸侧面描写

本段看似是在写奇怪可怕的猪脸，实则侧面反映了人们生活的富足美满。

诱人，令人食欲大动。

大雪还是进补的好时节，素有“冬天进补，开春打虎”的说法。冬令进补能提高人体的免疫功能，促进新陈代谢，改善人们畏寒的现象。①俗话说：“三九补一冬，来年无病痛。”冬天进补还能调节体内的物质代谢，使人体最大限度地贮存营养物质转化的能量，这有助于体内阳气的升发。冬季食补应选择富含蛋白质、维生素和易于消化的食物。

❶引用

引用俗语，来说明冬天食补的重要性。

大雪节气前后，柑橘类水果大量上市，像南丰蜜橘、官西柚子、脐橙、雪橙等，都是当季水果。由于大雪时北半球各地日短夜长的缘故，有农谚“大雪小雪、煮饭不息”的说法，用以形容白昼短到了农妇们几乎要连着做三顿饭的程度。

精华赏析

本章通过做腊肉、城南人的下午茶等，来凸显中国人爱好美食的本性。同时在这个季节，气温降低，人们的娱乐活动也丰富了起来。文章语言细腻生动，温暖了每个人的心。

延伸思考

1.城南人的下午茶是什么？

2.大雪和小雪时节的差别是什么？

相关评价

本章主要讲述了大雪时节人们的饮食习惯和生活习惯的变化。用文中的一句话来概括本章：中国人的吃货属性是世世代代流淌在血脉中的。作者围绕饮食来展开，情节安排合理，详略得当。

冬　至

名师导读

冬至是“四时八节”之一，被视为冬季的大节日。在古代，民间有“冬至大如年”的讲法，所以古人称冬至为“亚岁”或“小年”。冬至习俗因地域不同而又存在着习俗内容或细节上的差异。

一、什么是冬至

冬至，自古时就有“日短”或“日短至”之称，是二十四节气中一个重要的节气。此时，太阳到达黄经 270°，于每年公历 12 月 21 日至 23 日交节。

古书云：“地雷复卦，易曰：先王以至日闭关，商旅不行。”陈志岁《载敬堂集》也有这样的记载：“夏尽秋分日，春生冬至时。”又谓“冬至，日南至，日短之至，日影长之至。”冬至被称为太阳南行的转折点，这天过后它将走“回头路”。这是什么意思呢？就是说，太阳光直射点自这天起开始从南回归线向北移动，北半球的白昼将会逐日增长。

读书笔记

南朝梁人崔灵恩撰写的《三礼义宗》中记载：“冬至有三义：一者阴极之至；二者阳气始至；三者日行南至，故谓之冬至也。”在古人眼里，冬至为“阴阳”相争之日，是预测一年晴雨、冷暖的好时机。

①中国古代对冬至很重视，冬至被当作一个较大节日，曾有“冬至大如年”的说法，而且还有庆贺冬至的习俗。《汉书》中说：“冬至阳气起，君道长，故贺。”人们从长期的经验中观察到：过了冬至，白昼一天比一天长，这是阳气回升的征兆，是一

❶叙述说明

本句说明从古至今，冬至都是十分重要的，从“冬至大如年”这句俗语更能凸显其重要地位。

个节气循环的开始，也是一个吉日，任何吉日都是值得庆贺的。

冬至的演变是一个漫长的过程。[1]冬至在汉朝时被称为“冬节”，官府要举行正式的贺冬至的仪式，叫作“贺冬”。那天，官府放假，官员互相祝贺冬至的行为即为“拜冬”。这个节日盛况空前，无法用言语表述。魏晋六朝时，冬至又名“亚岁”，人们需要在这一天向父母长辈祝贺节日。唐宋时，经济繁荣，冬节也最为鼎盛。宋朝以后，冬至由向长辈祝贺转变为祭祀祖先、神灵的节日庆典。明、清的冬至日，皇帝在这天举行祭天大典，以告慰祖先，祈求来年风调雨顺、国泰民安。民间在这一期间同样有祭祖、家庭聚餐之类的习俗，浓浓的节日氛围近似于过年，因此冬至又被称为“小年”。

❶场面描写

对汉朝冬至节的盛大状况进行描写，可以看出上至帝王，下至平民百姓都十分重视冬至节。

另外，冬至也是养生的大好时机，有其独特之处。[2]古人常说：“气始于冬至。”因为从冬季开始，生命活动开始由衰转盛，由静转动。此时科学养生有助于保证旺盛的精力，进而防止过早衰老，从而达到延年益寿的效果。要想达到此目标，冬至时节饮食要注意多样化，谷、果、肉、蔬合理搭配，适当进补高钙食品，也是大有裨益的。

❷引用

引用古语说明冬至时要注重养生。这样，人的身体才能愈发健康，作为青少年的我们更应该强身健体。

二、冬至的习俗

冬至也算是中国人比较重视的一个时令了。比较有仪式感的家庭会在这段时间吃饺子、吃狗肉滋补身体。

1.吃狗肉

有句民谚：“冬至吃狗肉，明春打老虎。”北方部分地区在冬至这一天，纷纷吃狗肉、羊肉等性温的滋补食品，因为冬季是最适合养生的。

2.吃馄饨

[3]俗话说得好，“北方饺子南方面”，北方地区有冬至宰羊，吃饺子、吃馄饨的习俗。

❸叙述说明

对冬至吃饺子、吃馄饨的习俗进行概述，也可以看出这一习俗仍沿袭至今。

3.吃丸子

在我国南方地区，还流行在冬至这天做小丸子，寓意着团团圆圆、幸福美满。

4.祭祀

在冬至这天，很多地方的人们都会特意前往家中祖坟或墓地祭祀先人。沿海地区的人们则会祭祀海神，以期来年海上航行和捕鱼顺利。

三、相关故事

冬至食饺远离烂耳

[①]传说，东汉末年，医圣张仲景曾任长沙太守。在任期的一年冬天，正值休假的他回南阳故里探亲。白河是张仲景在故乡时最喜爱的地方，照惯例，他先前往白河边上散心。可他还未走近，白河的景色便已入不了他的眼了。他触目所及，都是穷苦的老百姓。他们身上挂着几块单薄的布料，有的甚至到了衣不蔽体的程度，因此他们手脚生了冻疮，有的人甚至耳朵都冻烂了。

眼看着乡亲们这种惨状，张仲景心中的悲愤溢于言表，身怀高超医术的他感叹在这个时局动荡、民不聊生的时期，统治阶级锦衣玉食、纵情声色，而老百姓却生活在水深火热之中。他从未如此迫切地希望自己能用医术为乡亲们做点儿什么。

忧心忡忡的张仲景刚到家门附近，登门求医的人便已将大门围了个水泄不通。在队伍中，有骡马来、有轿子请，有官宦人家、有乡里豪绅，还有那些富得流油的生意人。他们不约而同地把张仲景围了个不透风。可张仲景哪里顾得上他们，他的心里记挂的是那些冻烂耳朵的穷乡亲。[②]冬至那天，他叫弟子们替他给这些肥头大耳的有钱

①设置悬念

医圣张仲景回故里探亲会发生什么样的趣事呢？引起读者的阅读兴趣。

②行为描写

从张仲景此时的义举可以看出，他是一个非常善良、有爱心的医生，不愧被称为医圣。

注释

衣不蔽体：指衣服很破烂，连身子都遮盖不住。形容生活十分贫苦。

人行医，自己则来到南阳东关的一块空地上搭起医棚，盘起大锅，宣纸上写了几个大字，标明此处是专门舍药给穷人治冻伤的。

百姓们看到后很高兴，他们急切地想知道，是什么样的神药能将困扰大家的烂耳问题给彻底解决，纷纷探头朝大锅里瞧。[①]可大家只看到浮浮沉沉的一些面食，连草药味都无一丝，这样的食物又怎么能治病呢？

张仲景看出了大家的疑惑，就向大家解释一番：原来这药的名字叫“祛寒娇耳汤”，做法很简单，先把羊肉、辣椒和一些祛寒温热的药材放在锅里煮熬；等熬好后，把羊肉和药物捞出来切碎；用面皮包成耳朵样子的“娇耳”下锅，等娇耳熟后，便可食用了。

第一锅熟了，张仲景给每人分了一大碗汤和两只“娇耳”。人们囫囵下肚，只觉得那热热的汤畅通了所有血管，浑身发暖，两耳起热，经过连续食用，这烂耳竟然慢慢地痊愈了。张仲景热心为大家治病，从冬至这一天起，一直治到年三十，人们的耳朵都被他医治好了。[②]由于张仲景无私地将做法分享给了大家，在这位医圣不在的时候，百姓也可自己制作这副妙药。

直到如今，提起冬至，大家第一个想起的还会是饺子。这是不忘“医圣”张仲景“祛寒娇耳汤”之恩。至今南阳仍有“冬至不端饺子碗，冻掉耳朵没人管”的民谣。

中国人在饮食上的创造性永远令人难忘，水饺宴便是一种绝妙的发明。用饺子来做宴席从一千多年前的唐代就有。当时，都城长安是唐朝经济、文化的中心。在太平盛世，人们对生活的要求越来越高，饮食文化也随之发展起来。唐代长安城里盛行一种高等级的宴席，叫作“烧尾宴”。这是朝廷大臣官位提升后，进献给皇帝的丰盛的大餐。我们在发现的一份从唐代保存至今的“烧尾宴”的食单里，有一道菜叫作“二十四气馄饨”，就是根据二十四个节气，来包

❶反问

本句采用反问的修辞手法，这样使得文章的写作手法更加丰富，同时引起读者的阅读兴趣。

❷叙述说明

这里的叙述也解释了冬至吃饺子、吃馄饨的由来，这也是人们对张仲景医生的一种怀念。

读书笔记

成不同形状、不同内容的饺子。

西安这座以面食闻名的城市，是饺子真正的发祥地，却不再以饺子闻名。[①]饺子最初有108种，演变到今天，种类早已超出了108种。西安饺子根据客人的不同要求分为迎宾宴、宫廷宴、吉祥宴、龙凤宴。既然名为饺子宴，那么宴席上皆是饺子。只不过，这宴席上的饺子色香味形皆不相同，让人不觉大呼“饺子可口”，意有尽，而味无穷。

❶列数字

通过列数字的说明手法，准确地说明了饺子的种类之多，也从侧面反映了当时人们对于饮食研究之深。

单从外表上看，这些饺子更像是件工艺品。尤其是那些造型可爱的小动物，让人不知道是应该把它放在嘴里，还是静静地欣赏。

这些饺子的造型皆来自中国古代的民间神话故事，或者历史典故，为饺子增添了不少趣味。据传慈禧太后曾经钟爱“珍珠火锅饺子”，它采用紫铜火锅熬制，用鸡、鸭、鲜菇做汤底，再配上珍珠状的饺子。因为火苗一直在燃烧跳跃，犹如一朵朵盛开的菊花，也因此被称为“太后菊花火锅”。如今，此道菜已成为饺子宴的经典压轴。

[②]在这宴席上，不论您吃到多少个饺子，都能听到表示祝福的解释。一个代表一帆风顺，两个预示双喜临门，还有四季发财，五子登科，七星高照，等等。中国人代代相传的饺子，在这里构成了一桌桌精致的宴席，也打开了一个让人们了解中国饮食文化的窗口。

❷叙述说明

对吃饺子的个数所代表的含义进行详细解释，说明了人们对于冬至的重视。

俗话说，“迎客的饺子送客的面”。饺子宴在今天已经成为西安的一大名吃，每天有上千人慕名前来一探究竟。这些来自五湖四海的游客，使用着不同的工具，吃着不重样的饺子。饺子俨然成了中国文化与传统的一个符号，是古都西安迎接远方客人的一种独特问候。

沛公狗肉

冬至过节源于汉代，盛于唐宋，相沿至今。《清嘉录》甚至有“冬至大如年”之说，有力地佐证了古人对冬至极高的重视程度。[①]在《易经》的影响下，人们普遍认为，冬至是阴阳二气的自然转化，这互相转化的气便是上天赐予的福气，因此汉朝以冬至为“冬节”，官府要举行正式的祝贺仪式，称为“贺冬”，例行放假。

❶叙述说明

通过这里的描述可以得知，从古至今，人们都十分重视冬至这个节日。所以，我们应该大力发扬中国传统文化节日。

至于冬至吃狗肉的习俗，据说也是从汉代开始的。相传，一年冬至，刘邦在行军途中饥寒交迫，军队的供给又不足。壮士樊哙看到自己的主公饱受饥饿之苦，于心不忍。恰好身边有一条爱犬常伴左右，在经过一番激烈的思想斗争后，樊哙将自己的爱犬亲手送上西天，煮熟后给刘邦充饥。谁知刘邦吃了樊哙煮的狗肉，觉得味道特别鲜美，赞不绝口。这战时的权宜之计竟然无意中开发出一道美食。“肉凭食客贵”，从此在民间形成了冬至吃狗肉的习俗，甚至狗肉都挂上了沛公的名号。

现今，沛公狗肉已是江苏地区传统名菜。沛公狗肉的烹饪属于咸鲜的口味，以砂锅为主进行烹饪。而一道正宗的沛公狗肉，可不只有狗肉这一食材，还需要精心熬制的甲鱼汤为配。酥烂的狗肉配上柔糯的甲鱼，飘香十里，堪称一道传统古馔，是冬令滋补之上品。

没想到吧，吃狗肉竟然也有如此之深的学问，刘邦可以称得上是一位老饕了。

[②]可别嘲笑刘邦是个吃货，吃狗肉滋补可是有科学依据的。

❷承上启下

本句在文中起着承上启下的作用，引出下文狗肉滋补的原因，丰富文章的内容。

首先，狗肉味甘、性温，补脾胃，能够增强免疫力。冬季用性温热的生姜炖上性温的狗肉食用，对于脾胃失调、性寒者，不失为一道大补的佳品。其次，食用狗肉可以增强人的体魄，改善人的肠胃消化功能。而且狗肉含有丰富的蛋白质，尤其是球蛋白含量极高，球蛋白既可以增强人的抵抗力，又可以起到强身健体的作用。

[③]有句民谚“冬至吃狗肉，明春打老虎”，北方部分地区

❸引用

本句引用俗语，使得前文内容更加具有可信度，更加接地气。

在冬至这一天,纷纷吃狗肉、羊肉等性温的滋补食品,因为冬季是最适合养生的。

馄饨:保平安的护身符

现在,很多地方把冬至作为一个节日来过。俗话说得好:"北方饺子南方面。"北方地区有冬至宰羊,吃饺子、吃馄饨的习俗,南方则喜欢吃米团、长线面。

①过去老北京有"冬至馄饨夏至面"的说法。相传汉朝时,北方匈奴经常在边疆骚扰百姓,抢劫掳掠,无所不为,百姓深受其苦,怨声载道。而当时匈奴部落的两个首领,是浑氏和屯氏。他们穷凶极恶,无恶不作,十分残忍。饱受战乱的百姓对他们恨之入骨,于是用肉馅包成角儿,取"浑"与"屯"之音,呼作"馄饨"。百姓用吃馄饨来发泄对他们的仇恨,只求战乱平息,能过上太平日子。

❶引用

通过引用老北京民间习俗,引出下文汉朝与匈奴的故事。

因为最初制成馄饨是在冬至这一天,所以,在冬至这天家家户户吃馄饨的习俗就流传了下来。

赤豆驱鬼论

②在江南水乡,有冬至之夜全家欢聚一堂共吃赤豆糯米饭的习俗。听起来似乎有些奇特,请听我慢慢道来。

❷引出下文

本段在文中起着引出下文的作用,作者以第一人称的方式进行叙述,让人感到亲切。

相传,共工氏有一个孽子,在冬至这天身亡,死后尚不安生,变成疫鬼,继续残害百姓。但是,这个疫鬼天不怕地不怕,竟然最怕赤豆。于是,人们就在冬至这天煮吃赤豆饭,用以驱避疫鬼,防灾祛病。

虽然如今我们已不太相信这些怪力乱神的言论,但赤豆糯米饭的美味却保存在一代又一代中华儿女的口腹中,令人难以忘怀。

精华赏析

作者用生动形象的语言为读者讲述了冬至这个节气背后的故事，主要通过饮食的变化和气温的变换让读者了解这个节气。最典型的莫过于“南方吃面北方吃饺子”这一习俗，这正是人们将传统节日沿袭发扬的体现。

延伸思考

1.饺子的发源地是哪里？

2.简要概述沛公与狗肉的故事。

相关评价

本章主要向读者讲述了冬至时期人们的生活变化和饮食变化，可以看出冬至从古至今都是一个非常重要的节气。随后作者还用大量笔墨讲述了如今人们是怎样庆祝冬至节的。文章情节安排合理得当，语言生动细腻，非常具有借鉴意义。

小　寒

名师导读

小寒时节，我国大部分地区已进入严寒时期，土壤冻结，河流封冻，加之北方冷空气不断南下，天气寒冷，人们叫作“数九寒天”。在我国南方虽然没有北方那么寒冷凛冽，但是气温亦明显下降。

一、什么是小寒？

小寒，是二十四节气中的第二十三个节气，也是冬季的第五个节气。冷气积久而寒，小寒是天气寒冷但还未到达极点的意思。①虽未至极点，这个季冬时节的正式开端依旧携着丝丝的寒意。土壤冻结，河流封冻，小寒节气是冷空气袭来的信号。

当太阳到达黄经 285°，也就是在每年公历 1 月 5 日到 7 日交节，小寒如期而至。此时人人最关心的便是每日的天气预报了。俗话说，“冷在三九”。“三九”多在 1 月 9 日至 17 日，也恰在小寒节气内，是最易生病的过渡期。

小寒期间，由于中国幅员辽阔，不同地区的天气差异极大。隆冬 1 月，北方霜雪交侵，常有冰冻，最低气温在零下 10℃左右。而中国南方地区冬暖显著。华南北部最低气温却很少低于零下 5℃，华南南部 0℃以下的低温更是不多见。中国隆冬最冷的地区是黑龙江北部，最低气温可达零下 40℃左右，天寒地冻，滴水成冰。

②令人惊奇的是，这样的天气却使许多地方的农作物因祸得福。低海拔河谷地带，逆温效应十分显著，香蕉、杧果

❶环境描写

对小寒时节的天气环境状况进行叙述，可以看出这时候基本已经算是深冬了。

❷转折

本句采用转折的表现手法，说明尽管天气寒冷，但是一些农作物正是依靠这样的天气得以生存，也体现了自然界的神奇。

等热带水果在此环境下孕育出别样的香甜。华南地区冬季最低气温仍较舒适，既利于生产，又适宜发展多种经营。“受命不迁，生南国兮”的柑橘，对身旁的空气有着挑剔的要求，最低气温不低于零下5℃、年温高于15℃，华南的绝大多数地区都能满足它的挑剔，副热带植物在这片富饶之地也几乎应有尽有。[1]对于爱吃、会吃的中国人来说，没有什么比鲜美的水果握在手中的感觉更为美妙的了。即使身形臃肿，舌尖上洋溢着的甜腻却能使人忘记一切不便。

❶叙述说明

这句话再次说明了中国人身体里流淌着“吃货”的血液，我们是一个懂得什么叫作美食的民族。

唇齿间的芬芳能够抚慰心灵，身体上的寒冷仍需要物理上的治愈。各地谚语不约而同地叙说着小寒的气候，江南一带有“小寒大寒，冷成冰团”的吴侬软语，华北一带有口口相传“小寒大寒，滴水成冰”的说法。广西地区则有“小寒不寒寒大寒”的谚语，可见防寒抗寒准备的必要性不言而喻。古人对此十分重视，如今我们能从日常生活中寻觅到蛛丝马迹，羊肉火锅、糖炒栗子、烤白薯，热腾腾的蒸气氤氲出的是祖先令人赞叹的智慧和对生活的无尽热爱。[2]跳绳、踢毽子、滚铁环，飞扬的欢声笑语中传播的是不变的乐观和亘古的热情。

❷叙述说明

对于小寒时节人们的业余活动进行概述，从中可以看出人们的节日活动是多么的丰富多彩。

老中医们也没闲着，入冬时熬制的药膏已消耗殆尽，药房又开启了新一轮的忙碌。药补还不算，食补才是中医的王道，保温杯里的枸杞是妈妈最爱推荐的味道，各种禽类熬煮的高汤将温暖从口齿送往心间。

吃饱喝足，便裹上厚实的衣服出去踏踏雪吧，说不定能遇上意想不到的风景：

众卉欣荣非及时，漳州冷艳客来贻。

小寒唯有梅花饺，未见梢头春一枝。

二、小寒的习俗

气温的骤然下降标志着小寒的到来。人们为了抵御严寒，纷纷喝起了腊八粥，涮起了羊肉。文艺的雅士们则是玩起了“九九消寒图”。至于孩子们，冰戏是他们最喜欢的娱乐活动。

1.腊八粥

寒气中的一碗腊八粥，自然地象征着温暖；多样的五谷，寓意着家庭的圆满、团圆与吉祥；蕴含的丰富营养，是现代人健康、养生理念的最好印证。

2.涮羊肉

①羊肉火锅，一般认为是始于元代，兴于清代。清朝皇帝也延续了忽必烈的口味，举办的几次大型宴会上，总是少不了涮羊肉的身影。而一道正宗的涮羊肉，有三个基本要求：选料要羊肉鲜嫩；切片要纸薄均匀；调料要味美可口。

❶叙述说明

从这里的叙述可以看出，涮羊肉这道美食自古以来都是非常有名的，到如今也早已经是家家户户都能够享用的美食了。

3.九九消寒图

民间曾一度流行贴消寒图。消寒图是“日历”，用于记载进“九”之后天气的好坏。人们希望用它来占卜来年的丰收。它一共有九九八十一个单位，所以才叫作“九九消寒图”。数完这九九八十一天，春天就到了。

4.冰戏

冬天厚厚的冰面提供了天然的舞台，让众人在冰上一展身手，体现自己高超的溜冰技艺。其实说起来，冰戏是一项非常古老的运动，乾隆皇帝对此情有独钟。热门电视剧《甄嬛传》也曾具体描绘过相关场面。

三、相关故事

小寒时节煨腊八

传说很久以前，村子里有一对老夫妇，恩爱和睦，膝下有两个儿子，他们一家是全村羡慕的对象。

②老两口非常勤快，是典型的庄稼人，一年到头面朝黄土背朝天，春耕、夏锄、秋收，兢兢业业，一刻也不停歇地侍

❷行为描写

对老两口的勤劳行为进行细致刻画，他们不怕苦，不怕累，终于为自己换来了幸福美满的生活。

弄着地里的庄稼。皇天不负有心人，老两口每年打下的粮食非常多，家里大大小小的粮仓都要堆不下了。

老两口家的院子里那棵茁壮的大枣树也是村中一绝。老两口精心培育，春天修剪，夏天施肥，到了秋天收获的时候，通红的枣子点缀在枝头，只是看着，便能令人想到大枣又脆又甜的口感。而老两口从不舍得吃一口，他们把所有的枣子都攒起来，拿到集市上去卖，总能卖个好价钱，时间长了也积累下一笔不小的财富。①每年天气转冷的小寒时节，全村中就属老两口家饭食的香气最为浓厚，引得那些流浪狗、流浪猫守在门口等吃食。

❶细节描写

一年的努力换来了此时的安逸，这也告诫众人要先苦后甜，这样才能守住幸福。

可老两口除了必要的生活支出，一枚多余的铜板都不舍得花。村里人都不理解，这两口子图什么呢？他们不明白的是，老两口所做的一切，就是为了给两个儿子攒钱娶媳妇。

时光如白驹过隙，眼看儿子们慢慢长大，脸上退去了曾经的稚气，而老两口的头发却一天天地变白了，走路的步伐也越来越迟缓，到最后渐渐卧床不起。终于有一天，老两口预感到自己归期将至，于是将哥儿俩叫到床边，老父亲嘱咐哥儿俩好好种庄稼，打下粮食好卖钱；老母亲嘱咐哥儿俩好好保养院子里的枣树，攒钱、存粮留着娶媳妇。

②哥儿俩在老人在的时候不用人督促，种庄稼、收枣毫不含糊，勤快地过日子。现在二老不在了，哥儿俩当家，哥哥看着粮仓里的粮食都要装不下了，就对弟弟说："咱家这么多粮食够咱俩吃上几年的了，每年都这么辛苦地干活，今年该歇一年了吧。"弟弟表示赞同："反正咱家也不缺枣吃，今年就不给枣树打药施肥了。"哥儿俩闲着、闹着，逗逗蛐蛐、遛遛弯儿，一年的时光就这样过去了。

❷设置悬念

哥儿俩能守得住父母留下的财富吗？引起读者的阅读兴趣。让我们接着往下看吧。

第二年，哥儿俩看着仍充实的粮仓和积攒的大枣，心照不宣地又歇息了一年。一年又一年，哥儿俩越来越懒，光知道吃喝玩乐，粮田变成了荒田，零落的枣子成了鸟类的小食。世上还有比坐吃山空更快的事情吗？他们没有几年，就把囤积的粮食吃完了，院子里的枣树呢，因为没有打药施肥，结的枣一年比一年少。

[1]这年小寒时节又到了，凛冽的寒风不仅吹飞了门前的落叶，更吹空了哥儿俩本就无甚填充的五脏庙。家里实在没有什么可吃的了，又饥又寒的哥儿俩蹲坐在空荡荡的粮仓里冥思苦想，终于想出一个不是办法的办法，哥哥找了一把扫帚，弟弟拿来一个簸箕，在一个个粮仓仓底的缝隙里仔细地找起来。

从这里扫出来一把黄米粒，从那里找出一把红豆，就这样扫出来的五谷杂粮虽然不多，样数可不少，最后又搜出几枚干红枣，哥儿俩也不顾烹调做法了，一股脑儿地放到锅里煮了起来。锅里冒出咕噜咕噜的声响，哥儿俩吃起这五谷杂粮凑合起来的粥，你看看我，我看看你，又想起父母在世时丰富的菜肴，心酸之感油然而生。本来富足的日子，才几年就败成现在这样，就败在了他们两人的手上，哥儿俩不由得想起父母临死前说的话，抱头痛哭，为自己的不孝，更为自己的懒惰。

哥儿俩尝到了懒的苦头，第二年迅速行动起来，拾起了之前的生活方式，回归到他们的父母的生活模式。春耕秋收，踏踏实实地种地打粮。院子里的枣树也在哥儿俩的精心侍弄下，恢复了以往的生机，结出了累累硕果。没过几年，他俩又过上了好日子。

哥儿俩用打粮和卖枣挣的钱娶上了媳妇，也抱上了大胖小子，终于实现了父母的遗言。

为了吸取兄弟俩懒的教训，时刻提醒劳动的重要性，叫人千万别忘了勤俭持家地过日子，[2]从那以后，每逢农历小寒时节的腊月初八那天，人们就吃用五谷杂粮混在一起煮成的粥。又因为这一天正是腊月初八，所以，人们都叫这种粥为“腊八粥”。

传统上煮腊八粥的原料有：黄米、江米、白米、小米、菱角米、栗子、红豇豆、去皮枣泥等。制作时将这些原料放入

❶ 夸张

本句运用夸张的修辞手法，生动形象地说明了此时哥儿俩非常饿，家里什么存货也没了。

读书笔记

❷ 解释说明

原来吃腊八粥是要告诫人们决不能像兄弟俩之前那样胡乱挥霍，一定要尽自己的所能努力奋斗。

锅中加水煮熟即可。后来的人出于美观，选用染红的桃仁、杏仁、瓜子、花生、松子、榛子及白糖、红糖、葡萄干等配料，给这碗营养丰富的粥做装饰。

读书笔记

如今人们的物质生活越来越富足，这样的习俗演变到现在，已然被赋予了新时代别样的内涵。除了始终保有的纪念、勤俭、开悟等意义外，寒气中的一捧瓷碗，自然象征着温暖；多样的五谷，寓意着家庭的圆满、团圆与吉祥；蕴含的丰富营养，是现代人健康、养生理念的最好印证。

忽必烈：意外的涮羊肉发明者

涮羊肉已然成为小寒时节必不可少的令人垂涎的美食，没有什么是一顿涮羊肉解决不了的，如果有，那就两顿。①可你知道，涮羊肉是谁发明的吗？

①疑问
本句提出问题，引出下文，丰富文章内容，引起读者的阅读兴趣。

传说，有年冬天，忽必烈亲率大军南下远征。行军路上天气寒冷，加上人困马乏，众人就想休息吃饭，忽必烈觉得军中伙食太差，突然想起家乡的美食，想到了草原上美味的清炖羊肉，口水便忍不住要流下来了，赶忙吩咐了下去。厨子立马宰杀羊羔，烧火准备炖肉。

突然间探子来报，说敌军正在逼近。可是，忽必烈已经饥饿难耐，就一边下令部队准备战斗，一边继续催厨子做菜，这道清炖羊肉，他是非吃不可。厨子知道忽必烈性情急躁，不敢惹怒，可羊肉肉质特殊，需要很长时间才炖得熟，放任这么慢的速度，敌军来了，羊肉也熟不了，自己并没有多个脑袋用来应对忽必烈的怒火。②电光石火之间，厨子急中生智，把羊肉从块切成了薄片，然后放在锅里涮了几下，就捞了出来，撒了点儿调料，给忽必烈端了去。

②行为描写
恐怕厨子也没有想到自己情急之下随手做的羊肉，竟然成了流传至今的美食。

忽必烈吃完就去迎敌，不久就胜利归来。忽必烈很高

注释
必不可少：绝对需要的，不可缺少的。

兴，又觉得厨子有功，这道美食委实是杀敌制胜的第一基础，而由于当时战事紧急，未能仔细品味，就又让他做了一次那道菜，分发给麾下的将领们一起品尝。大家吃了都赞不绝口。于是，忽必烈给它命名为“涮羊肉”，后来逐渐成了著名的宫廷佳肴。

但是，数百年来，这道美食一直是皇家才能享有的特权，平民百姓不仅没有权利品尝，连见上一面都显困难。

读书笔记

但美食的吸引力总是巨大的，民间始终坚持不懈地访求这道美食的做法，希望有朝一日能尝上一口。

功夫不负有心人。在光绪年间，北京一家羊肉馆的老掌柜买通了宫里的太监，从宫中秘密地偷出了“涮羊肉”的佐料配方，才使得这道美食传至民间，得以在都市名菜馆中出售，自此平民百姓也能享受紫禁城内贵人的饮食。涮羊肉以其独特的魅力，一直流传到今天，又在各地厨子的改良下衍生出多种版本，多种口味。

精华赏析

作者通过饮食和天气的变化，以及人们的休闲娱乐活动等向读者介绍了小寒时节的各种特点。其中最让人印象深刻的便是涮羊肉火锅了，从中可以看出这道美食自古便深受大家的喜爱。

延伸思考

1.简要概述忽必烈和火锅之间的渊源。

2.请列举小寒时人们餐桌上的美味。

相关评价

本章主要讲述了小寒时节背后的故事。作者主要通过美食来渲染氛围，情节安排恰当合理，感情丰富饱满，让人读来似乎就处在小寒时节，内心暖暖的。

大 寒

名师导读

大寒一过，新一年的节气就又轮回来了，正所谓冬去春来。这时候，人们开始忙着除旧布新、腌制年肴、准备年货和各种祭祀供品、扫尘洁物，因为中国人最重要的节日——春节就要到了。

一、什么是大寒？

读书笔记

大寒是二十四节气中最后一个节气，每年1月20日至21日交节，此时太阳到达黄经300°。

大寒，是天气寒冷到极点的意思。古籍《授时通考·天时》引《三礼义宗》说："大寒为中者，上形于小寒，故谓之大……寒气之逆极，故谓大寒。"风大、低温、地面积雪不化是其典型特征。神州大地呈现出冰天雪地、天寒地冻的严寒景象。

"冬天到了，春天还会远吗？"大寒作为中国二十四节气中的最后一个，意味着过了大寒就是立春，新一年的节气轮回，再次以其永恒的规律在时空中奔走。

俗话说："花木管时令，鸟鸣报农时。"花草树木、鸟兽飞禽均按照季节活动。因此，它们规律性的行动，被看作区分时令节气的重要标志。"平气法"划分节气，将大寒分为三候："一候鸡乳；二候征鸟厉疾；三候水泽腹坚。"其中，第三候尤其能说明大寒的气温极低。此时，水中的冰能一直冻到水中央，且又厚又结实。[1]此外，大寒出现的花信风候为："一候瑞香；二候兰花；三候山矾"。这也可以作为判断大寒的重要标志。

①叙述说明

作者在这里简单说明了如何分辨大寒来临的一些征兆，拓展了读者的知识面。

[①]对于身为农耕大国的中国来说，大寒是极其重要的节气，这一阶段准备的好坏直接影响到下一年的收成。从古时开始，农民们便极为重视牲畜和越冬作物的防寒、防冻。

大寒节气里，各地农活相比其他节气较少，但许多的工作在农田之外忙碌地进行着。北方地区老百姓多忙于积肥、堆肥，加强牲畜的防寒、防冻，为开春做准备。与之相对的南方地区，人们则注重加强小麦及其他作物的田间管理。除此以外，经过长期经验的积累，各地人们还练就了根据大寒气候的变化预测来年雨水及粮食丰歉情况的本领，为及早安排农事提供方便。广西人皆知"大寒天若雨，正二三月雨水多"的规律，江西则熟记"大寒见三白，农民衣食足"的祖训，福建则流传着"大寒不寒，人马不安"的谚语，而"大寒白雪定丰年"则是贵州人常挂在嘴边的民谚。

值得一提的是，在广东岭南地区，有大寒联合捉田鼠的习俗。因为这时作物已收割完毕，平时看不到的田鼠窝在空旷的田地里显露无遗，智慧的人们便抓住这大自然赐予的难得的时机，集中消灭祸害不浅的田鼠。

按我国的风俗，特别是在农村，每到大寒至立春这段时间，有很多重要的民俗和节庆，如尾牙、祭灶和除夕等。有时甚至连我国最大的节庆——春节也包含在这一节气中。因而，大寒的空气里都充满了喜悦与欢乐。

❶引出下文

本句在文中起着引出下文的作用，大寒时节农民们已经做好迎接下一年的准备了。

读书笔记

二、大寒的习俗

[②]在大寒的这段时间，中国的大部分土地早已是白雪皑皑。在这漫长的冬日，吃年糕、喝腊八粥、尾牙就成了人们打发时间的活动。

1.吃年糕

年糕已经风靡全国，不仅运用蒸、煮、炸等不同的烹调手段，还向其中加入了红糖等佐料增添其风味。将其加入螃蟹、腊肠、排骨中蒸煮，也是不错的搭配。

❷叙述说明

对大寒时节人们的饮食习惯进行概述。那么接下来，就让我们一起走进中国人的饭桌吧！

2.喝腊八粥

“腊八”是佛教的盛大节日。中华人民共和国成立前，各地佛寺在这一天会举办浴佛会。在浴佛会上，人们举行诵经，并效仿释迦牟尼成道前的传说故事——“牧女献乳糜”。即用香谷、果实等煮粥供佛，也被称作“腊八粥”。[1]信徒们将腊八粥赠送给门徒及善男信女们，这一习俗也世世代代流传了下来。

❶叙述说明

对佛教喝腊八粥的习俗进行简单解释，与小寒时喝腊八粥的习俗相呼应。

3.尾牙

尾牙源自拜土地公做“牙”的习俗，所谓二月二为头牙，以后每逢初二和十六都要做“牙”，到了农历十二月十六正好是尾牙。这一天买卖人要设宴，白斩鸡为宴席上不可缺少的一道菜，听了是不是已经口水直流呢？

三、相关故事

年糕入口消大寒

年糕是吴越地区民间的美食之一。打年糕这一习俗，在浙江海宁由来已久，每到大寒时节，几乎家家户户都有打年糕、吃年糕的习惯。

海宁是座具有两千五百多年历史的名城，民间文化积淀深厚，文官武将迭出。他们勤政爱民，忠心报国，屡受升迁。[2]因“年糕”与“年高”同音，故而“年糕”便成了民间祝福亲朋好友“年年高升”的“好口彩”。每年此时，每家每户都会准备几斗到几石的糯米，然后磨成粉打成年糕，作为新年中走亲访友的传统礼物。

❷叙述说明

通过这里的描述可以看出，大寒时节接近春节，人们的吃食中也都饱含着对彼此的祝福。

[3]相传春秋时，吴王阖闾有争霸的雄心，但始终对本国的军事工程不满意，再加上邻近的越国虎视眈眈。内有忧患，外有盗贼，令他彻夜难眠。于是，他从当时军事防御需要出发，命大夫伍子胥监管筑城，并以自己的名字命名，称之为“阖闾大城”。伍子胥尽职负责，花费了极大的劳力、物力和心血加紧建造。等到城垣最终建成后，无人不赞叹其

❸心理描写

由此看出，吴王是一位有雄心的君主，也为下文故事发展埋下伏笔。

巍峨壮观，大城看上去如同抵挡敌人的坚不可摧的盾牌，城内百姓生活在如此城中觉得安全感大增。见此情景，吴王大喜，当天便召集满朝文官武将，为伍子胥设宴庆功。①席间群臣纵情饮酒行乐，认为有了坚固的城垣，自此便无惧他国入侵，可以高枕无忧了，一时间宴席上的一张张面孔满面红光。

见此情景，最大的功臣相国伍子胥却闷闷不乐。他叫来贴身随从，附耳嘱咐道："满朝文武如今都以为有此高墙，吴国便可千秋万代。然而他们不知的是，城墙固然可以抵挡敌兵，同时也制约了墙内人出行的灵活和自由。若敌人认识到这点，选择围而不攻的策略，进而切断护城河的水源，吴国岂不是作茧自缚，用自我保护的工具将自己埋葬？席上众人忘乎所以至此，日后必难逃祸乱。而忠言难免逆耳，如今进谏大王必不愿听，倘若我遇不幸，吴国受困，粮草不济，你可去相门城下，掘地三尺，可以得到食粮。"随从以为伍子胥喝多了，在说酒话，并未当真。②伍子胥看着随从不以为意的神情，不禁连连叹气摇头，为吴国的未来担忧不已。

后来，吴王阖闾死后，其子夫差当政，夫差听信伯嚭谗言，赐伍子胥属镂剑自刎而死，可怜一代忠臣为国一生却得此下场！越王勾践闻知吴国失去主将，便乘虚举兵讨伐吴国，以雪卧薪尝胆之耻。夫差自视甚高，大意轻敌，导致屡战屡败。到最后，越军将吴国都城团团围住，切断水源，吴军仗着城墙的坚固躲在城中。却不想战线时间拉长，在没有补给的情况下，这座城反而成了自掘的坟墓。城内炊断粮绝，街巷内妇孺忍饥挨饿，哭声不绝于耳。这时，那位随从军官想起了伍子胥从前的嘱咐，便急忙召集乡邻一起来到相门外掘地取粮。③当挖到城墙下三尺深时，他们惊奇地发现城砖全是用糯米粉做的。顿时人们激动万分，朝着城墙下跪，叩谢伍子胥。百姓将这些糯米粉与水混合，揉成面团，用木槌打实打紧，切成长条状蒸煮，靠着这些糯米食物，

❶行为描写

对众人饮酒高兴的行为进行刻画，与下文伍子胥闷闷不乐的状态形成鲜明对比。

❷细节描写

从伍子胥叹气摇头这一细节描写，便可以猜测吴国未来的状况，更加突出了伍子胥有远见、有谋略的性格特征。

❸场面描写

幸亏伍子胥有先见之明，才让百姓们暂时解决了食物的问题，这也是为何人们都爱戴他的原因。

百姓在敌军攻下城前保全了性命。此后，每逢过年，家家户户都用糯米粉做“城砖”，供奉伍子胥。久而久之，便被称作年糕了。

如今，我们虽然已不用再面对兵临城下的困境，但伍子胥的救命之恩却使所有吴地后人铭记，为了纪念这位为民着想的良臣，这个特殊的习俗便一直流传了下来。

[1]关于年糕还有一个古老的传说，这与一种怪兽有关。

❶过渡句 本句引出下文关于年糕的另一习俗，引起读者的阅读兴趣。

相传在远古时期有一种怪兽称为“年”，一年四季都生活在深山老林里，饿了就捕捉其他动物充饥。可到了严冬季节，兽类大多都躲藏起来休眠了。“年”饿得饥不择食时，就下山伤害百姓，掳掠人充当食物，百姓苦不堪言。后来有个聪明的部落——“高氏族”，每到严冬，预计好“年”快要下山觅食的时间，事先用粮食做了大量食物，搓成细长的条状，揿成方正的块状放在门外，人们躲在家里。“年”来到后找不到人吃，便用人们制作的粮食条块充腹，吃饱后再回到山上去。人们看怪兽走了，都纷纷走出家门相互祝贺，庆幸平平安安躲过了“年”的伤害，又能为春耕做准备了。这样年复一年，这种避兽害的方法传了下来。因为粮食条块是高氏所制，目的是喂“年”避祸，于是人们就把“年”与“高”联在一起，称作年糕了。

读书笔记

天寒地冻喝腊八粥

[2]对于腊八粥这一美食，各方对于其由来众说纷纭，让我们来了解一下。

❷引出下文 开门见山，作者以第一人称视角引出下文，引起读者的阅读兴趣。

据说，明太祖朱元璋小时候家境清贫，只能靠为财主放牛谋生。有一天，他赶着牛过独木桥，突然，牛脚一滑跌下了桥，牛腿跌断了，这使得财主家失去了一个强壮的耕田劳动力。气急败坏的老财主便把他关进一间房子里，不给饭吃，以示惩罚。朱元璋在暗无天日的房间里饥肠辘辘，谁知

"山重水复疑无路，柳暗花明又一村"。正值朱元璋心灰意冷之际，他忽然发现屋里有一老鼠洞。扒开一看，原来是老鼠藏粮食的秘密基地，里面有米、豆，还有红枣，称得上是应有尽有。他把这些东西合在一起将就着煮了一锅粥，没想到吃起来竟十分香甜可口。后来当了皇帝的朱元璋，回忆起过去艰苦的时光，想起这件令人记忆深刻的事，心血来潮，便吩咐御厨熬了一锅这样的粥。[①]由于吃的这一天正好是腊月初八，因此就叫腊八粥。

还有一种说法就与宗教相关了。佛教的创始者——释迦牟尼，本是地位显赫的王子，出身于古印度北部迦毗罗卫国王室。但他目睹芸芸众生受病痛等痛苦的折磨，再加上对当时婆罗门的神权统治心存不满，便毅然抛弃荣华富贵，出家修道。修道初始，释迦牟尼并未参悟出世间真理。因此他愈发严格要求自己，后苦苦修行六年，终于在腊月初八于菩提树下悟道成佛。这六年苦行中，释迦牟尼时刻心系百姓，每日仅食一麻一米。后人不忘他所受的苦难，于每年腊月初八吃粥来纪念。"腊八"就成了"佛祖成道纪念日"。

南宋陆游诗云："今朝佛粥更相馈，反觉江村节物新。"这首诗背后也隐藏着一个与佛教有关的传说。相传，杭州名刹天宁寺内有"栈饭楼"，用于储藏剩饭。平时寺僧会将每日的剩饭晒干放在楼内，一年下来积攒了不少余粮。[②]到腊月初八这些干饭就被煮成腊八粥，分赠信徒，因而得名"福寿粥""福德粥"，意思是说吃了以后可以增福增寿。由此，当时各寺僧爱惜粮食之美德与施舍天下的佛心可见一斑。还有的寺院在腊月初八以前，会派僧人拿着钵盂沿街化缘。但这辛辛苦苦收集来的米、栗、枣、果仁等材料并非留给自己享用，而是煮成腊八粥散发给穷人。传说吃了以后佛祖会保佑来年平安顺遂，所以穷人为它取名叫作"佛粥"。

[③]更为感人的传说是功臣受害时的民心所向。据说，当年岳家军讨伐金国倭寇时，在朱仙镇节节胜利的大好时机，

❶总结说明

这句话对前文的内容进行总结说明，使得文章结构更加严谨完整，具有可读性。

❷叙述说明

对腊八粥的另一个来历进行解释，可以看出虽然起源不同，但是饱含的祝福和希望是相同的。

❸设置悬念

是什么样的传说是民心所向呢？引起读者阅读兴趣。

却因朝中小人的离间之言，被昏庸的南宋朝廷十二道金牌紧急召回。在回京路上，将士们饥饿难耐，沿途的河南百姓对于军士保家卫国的苦累深表感激，也痛恨奸臣小人的可憎。但是区区百姓，也没有什么别的能给予这些英雄慰藉，便不约而同地把送来的饭菜，倒在大锅里，熬煮成粥分给将士们充饥御寒。这天正好是腊月初八。不久岳飞在风波亭遇害而死，为了表达对这位民族英雄的怀念，河南民众每逢腊八这天，家家都吃"大家饭"。

①可见，这些我们习以为常的民俗食物背后，不仅有着悲悯天下的普世情怀，还有着铁骨铮铮的民族气节。

> ❶正面描写
> 文章最后一段直接升华感情，说明中国人的饭桌背后还藏着深深的祝福和铁骨铮铮的民族气节。

精华赏析

本章主要讲述了大寒时节背后的故事，作者依旧是从饮食入手，让读者感受到了大寒时节人们饭桌上的改变。可以看出，这些饮食中都饱含着对彼此的祝福和铁骨铮铮的民族气节。

延伸思考

1.简要概述伍子胥的性格特征。

2.年糕不仅和伍子胥有关系，还与什么有关系？

相关评价

本章主要描写大寒时节众人的生活习惯和饮食改变，作者是以总—分—总的写作模式进行叙述，使得文章非常具有可读性。除此以外，作者用大量笔墨描写中国人餐桌上的变化，让人感到满满的温情。

名家心得

1. 其实，二十四节气作为中国传统文化的一个组成部分，何尝不是当代中国人潜藏心底的一种文化乡愁!走入二十四节气，重温美丽的古典诗词，唤起文化的乡愁，也许正是我们这次雅集的初衷之一吧。

——中南大学教授　杨　雨

2. 这是一部关于中华农耕文明特有的二十四节气的文化专著。行文笔触优美，情感真挚，是详尽介绍热烈歌赞我们有关传统文化的精彩作品。

——著名作家　钮宇大

读者感悟

假期在家无事便阅读了《二十四节气故事》这本书，这是一本老祖宗流传下来的非物质文化遗产，是中华儿女千百年来与自然相处、斗争中总结出来的宝贵经验，书中不仅介绍了二十四节气，更包含了许多对风俗和自然现象的解释。

本书作者主要将二十四节气与中国人的饮食习惯相结合，每一个节气都会进行不同形式的庆祝，餐桌上的美味也都会有相应的变化，语言细腻，感情丰富，仿佛人就坐在餐桌边，看着景色流转、食物更换似的。

在没有阅读这本书之前以为，二十四节气只为了应农时，即为农民掌握春种秋收的时间服务。可是，当阅读完这本书之后发现，这是劳动人民的智慧结晶，充满了知识，同时也展现了中国传统文化无穷的科学魅力，阅读后让人受益匪浅。

我跟着作者的步伐走遍一个又一个节气，感受温度的变化，植物的变化，餐桌上食物的变化。我们的人生不就是如此吗？我们的一生也要走过自己的二十四个节气，春生夏长，秋收冬藏。每一个季节里，我们都会有不同的收获，让我们一起来享受生命这个美丽的过程吧！

阅读拓展

传统文化里有智慧，通过阅读《二十四节气故事》，我知道它是一部包罗万象的科学宝典。《二十四节气故事》涉及天文学、地理学、气候学、营养学、生物学等方面的知识。

许多作家都在自己的书中，或多或少地描写过与二十四节气有关的故事。

在古典名著《红楼梦》中，曹雪芹就多次细腻而生动地描绘不同节气中大观园里的种种活动。例如，仲夏日的芒种节气，《红楼梦》第二十七回就有特别生动的描写："至次日乃是四月二十六日，原来这日未时交芒种节。尚古风俗：凡交芒种节的这日，都要设摆各色礼物，祭奠花神，言芒种一过，便是夏日了，众花皆卸，花神退位，须要饯行。"

真题演练

一、填空题

1. 人们在二十四候每一候内开花的植物中，挑选一种花期最准确的植物为代表，叫作这一候中的花信风。_____花期是在惊蛰。

2. 立冬是农历二十四节气中的第_____个，其确定的依据是以太阳到达黄经225°为准。

3. 在我国沿海一带，_____这一天有"斗蛋"的民俗。

4.《月令七十二候集解》关于霜降说：九月中，气肃而凝，露结为霜矣。"霜降"表示天气逐渐变冷，露水凝结成霜。我国古代将霜降分为_____候。

5. 白露时节的习俗有：____________________、____________________、____________________。

二、选择题

1. 下列哪一句诗描写了白露这一节气（ ）

A. 露湿寒塘草，月映清淮流。

B. 露从今夜白，月是故乡明。

C. 鸟语竹阴密，雨声荷叶香。

D. 池上秋又来，荷花关成子。

2. 我国劳动人民根据二十四节气总结出了很多谚语，以下说法错误的是（ ）

A. 吃了冬至面，一天长一线。

B. 清明竹笋出，谷雨笋出齐。

C. 寒露早，白露迟，秋分种麦正当时。

D. 立春一日，百草回芽。

3. 二十四节气在公转轨道上都间隔 15°，但间隔时间不一定相同，下面节气间隔时间最大的是（ ）

A. 小寒　　B. 冬至　　C. 白露　　D. 小暑

4. 关于“清明时节雨纷纷”说法错误的是（ ）

A. 容易出现在长江流域和江淮地区。

B. 北方残余的冷空气与南方暖湿流相遇形成的锋面雨。

C. 形成和西太平洋副热带高气压向北移动有关，此时位置达到最北。

D.清明时期，因暖湿气流还没有达到强盛期，多以连续性降水为主。

三、判断题

1. 在惊蛰节气里会打雷。（ ）

2. 谷雨节气柳树开始发芽。（ ）

3. 春分表明春季已经过了一半。（ ）

4. 端午节一般在芒种前后。(   )

一、填空题

1. 蔷薇

2. 19

3. 立夏

4. 三

5. 祭禹王，吃龙眼，喝白露茶，饮白露米酒，十样白，吃番薯等(写出三个即可)

二、选择题

1. B　2. C　3. D　4. C

三、判断题

1. √　2. ×　3. √　4. √

爱阅读课程化丛书 / 快乐读书吧

外国经典文学馆

序号	作品	序号	作品	序号	作品
1	七色花	29	泰戈尔诗选	57	木偶奇遇记
2	愿望的实现	30	格列佛游记	58	王子与贫儿
3	格林童话	31	我是猫	59	好兵帅克历险记
4	安徒生童话	32	父与子	60	吹牛大王历险记
5	伊索寓言	33	地球的故事	61	哈克贝利・费恩历险记
6	克雷洛夫寓言	34	森林报	62	苦儿流浪记
7	拉封丹寓言	35	骑鹅旅行记	63	青 鸟
8	十万个为什么（伊林版）	36	老人与海	64	柳林风声
9	希腊神话	37	八十天环游地球	65	百万英镑
10	世界经典神话与传说	38	西顿动物故事集	66	马克・吐温短篇小说选
11	非洲民间故事	39	假如给我三天光明	67	欧・亨利短篇小说选
12	欧洲民间故事	40	在人间	68	莫泊桑短篇小说选
13	一千零一夜	41	我的大学	69	培根随笔
14	列那狐的故事	42	草原上的小木屋	70	唐・吉诃德
15	爱的教育	43	福尔摩斯探案集	71	哈姆莱特
16	童 年	44	绿山墙的安妮	72	双城记
17	汤姆・索亚历险记	45	格兰特船长的儿女	73	大卫・科波菲尔
18	鲁滨逊漂流记	46	汤姆叔叔的小屋	74	母 亲
19	尼尔斯骑鹅旅行记	47	少年维特之烦恼	75	茶花女
20	爱丽丝漫游奇境记	48	小王子	76	雾都孤儿
21	海底两万里	49	小鹿斑比	77	世界上下五千年
22	猎人笔记	50	彼得・潘	78	神秘岛
23	昆虫记	51	最后一课	79	金银岛
24	寂静的春天	52	365 夜故事	80	野性的呼唤
25	钢铁是怎样炼成的	53	天方夜谭	81	狼孩传奇
26	名人传	54	绿野仙踪	82	人类群星闪耀时
27	简・爱	55	王尔德童话		**陆续出版中……**
28	契诃夫短篇小说选	56	捣蛋鬼日记		

中国古典文学馆

序号	作品	序号	作品	序号	作品
1	红楼梦	9	中国历史故事	17	小学生必背古诗词 70+80 首
2	水浒传	10	中国传统节日故事	18	初中生必背古诗文
3	三国演义	11	山海经	19	论 语
4	西游记	12	镜花缘	20	庄 子
5	中国古代寓言故事	13	儒林外史	21	孟 子
6	中国古代神话故事	14	世说新语	22	成语故事
7	中国民间故事	15	聊斋志异	23	中华上下五千年
8	中国民俗故事	16	唐诗三百首	24	二十四节气故事

名人传记文学馆

序号	作品	序号	作品	序号	作品
1	雷锋的故事	9	华罗庚传	17	司马光传
2	苏东坡传	10	达·芬奇传	18	屈原传
3	居里夫人传	11	爱因斯坦传	19	科学家的故事
4	中外名人故事	12	牛顿传	20	杰出人物故事
5	比尔·盖茨传	13	岳飞传	21	阿凡提的故事
6	诺贝尔传	14	戚继光传	22	孔子的故事
7	爱迪生传	15	张衡传		**陆续出版中……**
8	达尔文传	16	诸葛亮传		

中国现当代文学馆（语文课本作家系列）

序号	作品	序号	作品	序号	作品
1	一只想飞的猫	18	大林和小林	35	金波经典美文：树与喜鹊
2	小狗的小房子	19	宝葫芦的秘密	36	金波经典美文：阳光
3	“歪脑袋”木头桩	20	朝花夕拾·呐喊	37	金波经典美文：雨点儿
4	神笔马良	21	小布头奇遇记	38	金波经典美文：一起长大的玩具
5	小鲤鱼跳龙门	22	“下次开船”港	39	金波经典童话：沙滩上的童话
6	稻草人	23	呼兰河传	40	金波诗歌：我们去看海
7	中国的十万个为什么	24	子 夜	41	吴然精选集：五彩路
8	人类起源的演化过程	25	茶 馆	42	吴然精选集：珍珠雨
9	看看我们的地球	26	城南旧事	43	高洪波精选集：陀螺
10	灰尘的旅行	27	鲁迅杂文集	44	高洪波诗歌：彩色的梦
11	小英雄雨来	28	边 城	45	肖复兴精选集：阳光的两种用法
12	朝花夕拾	29	小桔灯	46	刘成章散文集：安塞腰鼓
13	骆驼祥子	30	寄小读者	47	刘成章散文集：信天游
14	湘行散记	31	繁星·春水	48	曹文轩经典小说：芦花鞋
15	给青年的十二封信	32	爷爷的爷爷哪里来	49	曹文轩经典小说：孤独之旅
16	艾青诗选	33	细菌世界历险记		**陆续出版中……**
17	狐狸打猎人	34	高士其童话故事精选		

中国现当代文学馆（语文课本延伸阅读系列）

序号	作品	序号	作品	序号	作品
1	荷塘月色	13	长 河	25	丁丁的一次奇怪旅行
2	背 影	14	寒假的一天	26	小仆人
3	从百草园到三味书屋	15	古代英雄的石像	27	旅 伴
4	徐志摩诗歌	16	东郭先生和狼	28	王子和渔夫的故事
5	徐志摩散文集	17	大奖章	29	新同学
6	四世同堂	18	半半的半个童话	30	野葡萄
7	怪老头	19	红鬼脸壳	31	会唱歌的画像
8	小贝流浪记	20	会走路的大树	32	鸟孩儿
9	谈美书简	21	秃秃大王	33	云中奇梦
10	女 神	22	罗文应的故事		**陆续出版中……**
11	陶奇的暑期日记	23	小溪流的歌		
12	从文自传	24	南南和胡子伯伯		

中国现当代文学馆（中高考热点作家系列）

序号	作品	序号	作品	序号	作品
	陆续出版中……				